丛书主编　孔庆友

工业维生素

稀　土

Rare Earth
The Vitamin of Industry

本书主编　郭加朋

山东科学技术出版社
·济南·

图书在版编目（CIP）数据

工业维生素——稀土 / 郭加朋主编 . -- 济南：山东
科学技术出版社，2016.6（2023.4 重印）
（解读地球密码）
ISBN 978-7-5331-8367-7

Ⅰ.①工… Ⅱ.①郭… Ⅲ.①稀土族－普及读物
Ⅳ.① O614.33-49

中国版本图书馆 CIP 数据核字（2016）第 141414 号

丛书主编　孔庆友
本书主编　郭加朋
参与人员　张朋朋　焦丽香　张燕挥

工业维生素——稀土
GONGYE WEISHENGSU——XITU

责任编辑：焦　卫　魏海增
装帧设计：魏　然

主管单位：山东出版传媒股份有限公司
出　版　者：山东科学技术出版社
　　　　地址：济南市市中区舜耕路 517 号
　　　　邮编：250003　电话：（0531）82098088
　　　　网址：www.lkj.com.cn
　　　　电子邮件：sdkj@sdcbcm.com
发　行　者：山东科学技术出版社
　　　　地址：济南市市中区舜耕路 517 号
　　　　邮编：250003　电话：（0531）82098067
印　刷　者：三河市嵩川印刷有限公司
　　　　地址：三河市杨庄镇肖庄子
　　　　邮编：065200　电话：（0316）3650395

规格：16 开（185 mm×240 mm）
印张：6.25　字数：113 千
版次：2016 年 6 月第 1 版　印次：2023 年 4 月第 4 次印刷
定价：32.00 元

审图号：GS（2017）1091 号

普及地质科学知识
提高民族科学素质

李延栋
2016年九月

传播地学知识，弘扬科学精神，践行绿色发展观，为建设美好地球村而努力。

翟裕生
2015年10月

贺　词

  自然资源、自然环境、自然灾害，这些人类面临的重大课题都与地学密切相关，山东同仁编著的《解读地球密码》科普丛书以地学原理和地质事实科学、真实、通俗地回答了公众关心的问题。相信其出版对于普及地学知识，提高全民科学素质，具有重大意义，并将促进我国地学科普事业的发展。

国土资源部总工程师　李廷栋

  编辑出版《解读地球密码》科普丛书，举行业之力，集众家之言，解地球之理，展齐鲁之貌，结地学之果，蔚为大观，实为壮举，必将广布社会，流传长远。人类只有一个地球，只有认识地球、热爱地球，才能保护地球、珍惜地球，使人地合一、时空长存、宇宙永昌、乾坤安宁。

山东省国土资源厅副厅长　王桂鹏

编著者寄语

★ 地学是关于地球科学的学问。它是数、理、化、天、地、生、农、工、医九大学科之一，既是一门基础科学，也是一门应用科学。

★ 地球是我们的生存之地、衣食之源。地学与人类的生产生活和经济社会可持续发展紧密相连。

★ 以地学理论说清道理，以地质现象揭秘释惑，以地学领域广采博引，是本丛书最大的特色。

★ 普及地球科学知识，提高全民科学素质，突出科学性、知识性和趣味性，是编著者的应尽责任和共同愿望。

★ 本丛书参考了大量资料和网络信息，得到了诸作者、有关网站和单位的热情帮助和鼎力支持，在此一并表示由衷谢意！

科学指导

李廷栋 中国科学院院士、著名地质学家

翟裕生 中国科学院院士、著名矿床学家

编著委员会

主　　任	刘俭朴　李　琥
副 主 任	张庆坤　王桂鹏　徐军祥　刘祥元　武旭仁　屈绍东
	刘兴旺　杜长征　侯成桥　臧桂茂　刘圣刚　孟祥军
主　　编	孔庆友
副 主 编	张天祯　方宝明　于学峰　张鲁府　常允新　刘书才
编　　委	（以姓氏笔画为序）

卫　伟　王　经　王世进　王光信　王来明　王怀洪
王学尧　王德敬　方　明　方庆海　左晓敏　石业迎
冯克印　邢　锋　邢俊昊　曲延波　吕大炜　吕晓亮
朱友强　刘小琼　刘凤臣　刘洪亮　刘海泉　刘继太
刘瑞华　孙　斌　杜圣贤　李　壮　李大鹏　李玉章
李金镇　李香臣　李勇普　杨丽芝　吴国栋　宋志勇
宋明春　宋香锁　宋晓媚　张　峰　张　震　张永伟
张作金　张春池　张增奇　陈　军　陈　诚　陈国栋
范士彦　郑福华　赵　琳　赵书泉　郝兴中　郝言平
胡　戈　胡智勇　侯明兰　姜文娟　祝德成　姚春梅
贺　敬　徐　品　高树学　高善坤　郭加朋　郭宝奎
梁吉坡　董　强　韩代成　颜景生　潘拥军　戴广凯

编辑统筹	宋晓媚　左晓敏

目 录
CONTENTS

Part 1 稀土不稀也非土

稀土元素17姐妹/2

稀土是稀土类元素群的总称，是一个神奇的金属大家族，这一家子共有17姐妹。稀土不稀也非土，按相对原子质量大小和性质相近性，可以分为"轻稀土元素"和"重稀土元素"两类。

稀土元素的特性/4

稀土17姐妹是典型的金属元素。稀土金属一般硬度低，熔点高，具可锻性、延展性及优良的光、电、磁等特性，化学性质活泼。

稀土元素的主要矿物/7

稀土元素在地壳中主要以矿物形式存在，其赋存状态有作为矿物的基本组成元素、作为矿物的杂质元素、呈离子状态被吸附于某些矿物的表面或颗粒间。稀土矿物在各类岩浆岩中的含量，按"超基性岩→基性岩→中性岩→酸性岩"的顺序逐渐增高，目前用于工业提取稀土元素的矿物主要有氟碳铈矿、独居石矿、磷钇矿。

Part 2 稀土元素史籍揭面纱

轻稀土元素/13

轻稀土元素包括镧、铈、镨、钕、钷、钐、铕、钆等8种，它们具有较低的原子序数和较小质量。

重稀土元素/17

重稀土元素包括铽、镝、钬、铒、铥、镱、镥，钇、钪等9种，它们具有较高的原子序数和较大质量。

Part 3 奇功异能话稀土

"点石成金"的现代工业维生素/26

稀土不仅可以在工业生产中作为各种添加剂如石油化工业的催化剂、玻璃陶瓷业的添加剂，极大地改善产品性能、增加产品品种、提高生产效率，同时还在提高农作物产量、增强动植物的抗病能力、治疗烫伤、皮肤杀菌消炎等方面具有重要作用，被誉为"人类健康的保护神""种植业的丰产素"。

未来新材料宝库/35

稀土元素具有特殊的光、电、磁等物理性能和化学特性，利用这些性质特长，人们可以制造出各种稀土功能材料，如稀土永磁、发光、储氢、稀土转光膜和抗旱保水剂等新材料。

稀土成因解密码

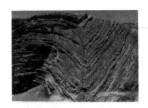

稀土成矿基本特征/42

稀土矿床和稀土矿化地区在空间上既分布于稳定地区，亦分布于活动地区；在时代上主要集中在中晚元古代以后的地质历史时期，尤以中晚元古代和中新生代矿化规模大，面积广。

稀土成矿作用/43

稀土成矿作用按其性质和能量来源可分为岩浆成矿作用、沉积—风化成矿作用和变质成矿作用。

稀土矿床类型/46

根据成矿作用的不同，稀土矿床和稀土矿化地区可以分为岩浆型、沉积—风化型和变质型等3种矿床类型。

中国稀土冠全球

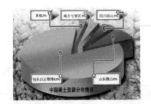

中国稀土资源概况/54

中国稀土资源具有成矿条件好、分布面广、矿床成因类型多、资源潜力大、有价元素含量高、综合利用价值大等特点。稀土资源量（REO）约占全世界资源量的40%。中国的稀土矿床在地域分布上具有面广而又相对集中的特点，其中稀土资源总量的97%分布在内蒙古、山东、江西、广东、四川等省区，形成北、南、东、西的分布格局，并具有"北轻南重"的分布特点。

中国著名的稀土矿床/59

中国著名的稀土矿床有白云鄂博铁-铌-稀土矿、山东微山湖稀土矿、四川省冕宁县牦牛坪稀土矿和德昌县大陆槽稀土矿、赣州稀土有限公司足洞稀土矿等。

中国稀土忧思录/68

稀土在造福人类的同时，与之相伴的资源和环境问题也在不断凸显。在稀土开发利用过程中，资源的合理利用和环境的有效保护是世界面临的共同挑战

Part 6 全球稀土资源扫描

全球稀土资源概况/75

全球稀土金属资源丰富但分布不均匀，而且勘察程度总体不高。世界上进行稀土开采、选矿生产的国家主要有中国、美国、巴西、印度、澳大利亚等。

国外著名的稀土矿床/80

国外著名的稀土矿床有美国的芒廷帕司稀土矿、贝诺杰稀土矿，加拿大托尔湖稀土矿、霍益达斯湖稀土矿，澳大利亚维尔德山稀土矿和诺兰稀土矿。

参考文献/86

地学知识窗

稀土元素的读音/3　稀土金属制取/7　荧光粉/16　催化剂/27　永磁材料/35　惯导系统/36　三基色节能灯/37　矿床/43　伟晶岩/49　"稀土王国"——赣州市/56　品位、工业品位/67　稀土国家规划矿区/71　边界品位/82

Part 1 稀土不稀也非土

　　稀土元素是稀土类元素群的总称。稀土元素是一个神奇的金属大家族，这一家子共有17姐妹，分为"轻稀土元素"和"重稀土元素"两类。稀土硬度低，熔点高，具可锻性、延展性及优良的光、电、磁等特性，化学性质活泼。稀土元素在地壳中主要以矿物形式存在，目前自然界已发现的稀土矿物有250种以上，可用于工业提取稀土元素的矿物主要有氟碳铈矿、独居石矿、磷钇矿等。

稀土元素17姐妹

稀土元素是镧系元素系稀土类元素群的总称，包括钪（Sc）、钇（Y）及镧系中的镧（La）、铈（Ce）、镨（Pr）、钕（Nd）、钷（Pm）、钐（Sm）、铕（Eu）、钆（Gd）、铽（Tb）、镝（Dy）、钬（Ho）、铒（Er）、铥（Tm）、镱（Yb）、镥（Lu），共17种元素（图1-1），因此常称之为"稀土元素17姐妹"。

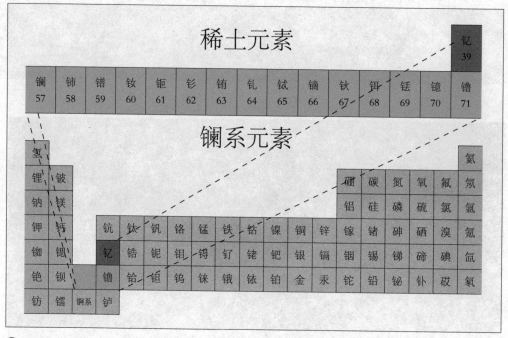

▲ 图1-1　稀土元素在元素周期表中的位置

"稀土"得名完全是历史原因。18世纪末期开始，稀土元素才开始陆续被发现。当时人们习惯于把不溶于水的固体氧化物称作"土"，比如氧化铝被称为铝土，氧化镁叫苦土，氧化铝、二氧化硅的组合物叫陶土、瓷土等。当时用于提取这类元素的矿物比较稀少，而且获得的氧化物难以熔化，难溶于水，也很难分离，其外观酷似"土壤"，因而称为稀土（图1-2）。

△ 图1-2 不同稀土元素的氧化物

实际上，稀土既不稀也非土。17种稀土元素共占地壳总质量的0.0153%，其总量比铜在地壳的含量还多一半，比锡、钴、银、汞等元素多得多。自然界已发现的稀土矿物超过250种，其中最主要的有氟碳铈矿、独居石矿和磷钇矿等。我国稀土储量占世界首位，已探明的稀土工业储量占世界的40%以上，而且资源品种齐全，质量优良，分布广泛，遍布内蒙古、江西等18个省、自治区。

稀土元素按照相对原子质量大小和性质相近性，分为"轻稀土元素"和"重稀土元素"两类。

"轻稀土元素"指原子序数较小的镧（La）、铈（Ce）、镨（Pr）、钕（Nd）、钷（Pm）、钐（Sm）、铕（Eu），又称铈族稀土元素。

"重稀土元素"指原子序数比较大的钆（Gd）、铽（Tb）、镝（Dy）、钬（Ho）、铒（Er）、铥（Tm）、镱（Yb）、镥（Lu）以及钇（Y）和钪（Sc），又称钇族稀土元素。

——地学知识窗——

稀土元素的读音

稀土元素的中文分别怎么念？以下是稀土元素的汉语名称及读音：镧（lán）、铈（shì）、镨（pǔ）、钕（nǚ）、钷（pǒ）、钐（shān）、铕（yǒu）、钆（gá）、铽（tè）、镝（dī）、钬（huǒ）、铒（ěr）、铥（diū）、镱（yì）、镥（lǔ）、钇（yǐ）、钪（kàng）。

稀土元素的特性

稀土17姐妹是典型的金属元素，均位于元素周期表的ⅢB族内，特别是镧系的15种元素（La—Lu），均位于周期表的同一格内，且其电子多少都发生在4f壳层中，故它们的物理化学性质具有一定的相似性。但是，它们本身是17个不同的元素，在电子结构、原子及离子半径等方面有着显著的不同，所以各自又有自己独特的特性（表1-1）。

表1-1　　　　　　　　　　　　　　稀土元素结构一览表

原子序数	元素名称及元素符号	电子构型		原子半径 ($\times 10^{-10}$ m)	离子半径（$\times 10^{-10}$ m）		
		原子	M³⁺		RE²⁺	RE³⁺	RE⁴⁺
21	钪（Sc）	[Xe] 3d4s²	[Ar]	1.641		0.68	
39	钇（Y）	[Xe] 4d5s²	[Kr]	1.801		0.88	
57	镧（La）	[Xe] 5d¹6s²	[Xe] 4f⁶	1.877		1.061	
58	铈（Ce）	[Xe] 4f¹5d¹6s²	[Xe] 4f¹	1.824		1.034	0.92
59	镨（Pr）	[Xe] 4f³6s²	[Xe] 4f²	1.828		1.013	0.90
60	钕（Nd）	[Xe] 4f⁴6s²	[Xe] 4f³	1.821		0.995	
61	钷（Pm）	[Xe] 4f⁵6s²	[Xe] 4f⁴	(1.810)		(0.979)	
62	钐（Sm）	[Xe] 4f⁶6s²	[Xe] 4f⁵	1.802	1.11	0.964	
63	铕（Eu）	[Xe] 4f⁷6s²	[Xe] 4f⁶	2.042	1.09	0.950	
64	钆（Gd）	[Xe] 4f⁷5d¹6s²	[Xe] 4f⁷	1.802		0.938	
65	铽（Tb）	[Xe] 4f⁹6s²	[Xe] 4f⁸	1.782		0.923	0.80
66	镝（Dy）	[Xe] 4f¹⁰6s²	[Xe] 4f⁹	1.773		0.908	
67	钬（Ho）	[Xe] 4f¹¹6s²	[Xe] 4f¹⁰	1.766		0.894	
68	铒（Er）	[Xe] 4f¹²6s²	[Xe] 4f¹¹	1.757		0.881	
69	铥（Tm）	[Xe] 4f¹³5s²	[Xe] 4f¹²	1.746	0.94	0.869	
70	镱（Yb）	[Xe] 4f¹⁴6s²	[Xe] 4f¹³	1.940	0.93	0.858	
71	镥（Lu）	[Xe] 4f¹⁴5d¹6s²	[Xe] 4f¹⁴	1.734		0.848	

一、稀土元素的物理性质

稀土元素为一组呈铁灰色到银白色有金属光泽的金属，硬度低，具可锻性和延展性。其密度、熔点、沸点、电阻率、升华热等物理性质差别较大（表1-2）。

表1-2　　　　　　　　　　　稀土元素物理性质一览表

原子序数	元素名称及元素符号	密度（g/cm³）	熔点（℃）	沸点（℃）	电负性	电阻率（μΩ·cm）（25℃）	硬度（HB）	升华热（kJ/mol）
21	钪（Sc）	2.990	1 541	2 836	1.3	66		377.8
39	钇（Y）	4.478	1 522	3 338	1.2	80	80—85	427.4
57	镧（La）	6.174	918	3 464	1.1	62.4	35—40	431.0
58	铈（Ce）	6.771	798	3 433	1.05	76.7	25—30	422.6
59	镨（Pr）	6.782	931	3 520	1.1	73.7	35—50	355.6
60	钕（Nd）	7.004	1 021	3 074	1.2	71.3	35—45	327.6
61	钷（Pm）	7.2	1 042	3 000	1.2			
62	钐（Sm）	7.536	1 074	1 794	1.2	88	45—65	206.7
63	铕（Eu）	5.259	822	1 529	1.1	81.3	15—20	144.7
64	钆（Cd）	7.895	1 313	3 273	1.2	137	55—70	397.5
65	铽（Tb）	8.272	1 365	3 230	1.2	116	90—120	388.7
66	镝（Dy）	8.536	1 412	2 567	1.2	56	55—105	290.4
67	钬（Ho）	8.503	1 474	2 700	1.2	87	50—125	300.8
68	铒（Er）	9.051	1 529	2 868	1.2	107	60—95	317.1
69	铥（Tm）	9.332	1 545	1 950	1.2	79	55—90	232.2
70	镱（Yb）	6.977	819	1 196	1.1	30	20—30	152.1
71	镥（Lu）	9.842	1 663	3 402	1.2	79	120—130	427.6

1. 力学性质

稀土元素一般较软，除铈、镱外，硬度随原子序数的增加而增加。稀土金属具有可锻性、延展性，可抽拉成丝，也可轧成薄板。

2. 热学性质

稀土金属的熔点都较高，除铈、镱外，大体上随原子序数的增加而增高。如铈的熔点为798℃，而镥的熔点为1 663℃。稀土金属的沸点和升华热与原子系数无明显规律关系。

3. 电学性质

稀土金属的导电性较差，常温时电阻率都较高。除镱外，其电阻率为50～130 μΩ·cm，比铜、铝的电阻率高1～2个数量级。另外，它们有正的温度系数，镧在接近4.6 K时具有超导性能。

4. 磁学性质

大多数稀土元素呈现顺磁性。钆在0℃时比铁具更强的铁磁性，铽、镝、钬、铒等在低温下也呈现铁磁性。此外，一些稀土元素还具有特有的磁热效应、磁致冷、磁致伸缩和磁光效应。

5. 光谱特性

与普通元素相比，稀土元素的电子能级和谱线更为多样。它们可以吸收和发射从紫外、可见光到红外谱区各种波长的电磁辐射，可以作为优良的荧光、激光和电光源材料及玻璃、陶瓷的釉料等。

二、稀土元素的化学性质

稀土金属是典型的金属元素，其金属活泼性仅次于碱金属和碱土金属，并且由钪（Sc）→钇（Y）→镧（La）递增，由镧（La）→镥（Lu）递减，即镧（La）是最活泼的稀土金属。稀土元素在室温下就能与空气中的氧作用，继续氧化的程度因所生成的氧化物的结构和性质不同而有不同。镧、铈、镨、钕氧化得很快，而另一些如钇、镝、钆、铽等则氧化得慢一些（图1-3、图1-4）。

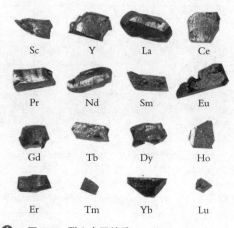

Sc	Y	La	Ce
Pr	Nd	Sm	Eu
Gd	Tb	Dy	Ho
Er	Tm	Yb	Lu

▲ 图1-3 稀土金属单质

为了防止稀土金属氧化，一般将稀土金属保存在煤油中，或置于真空及充以氩气的密封容器中。

另外，稀土金属对氢、氮、硫和卤

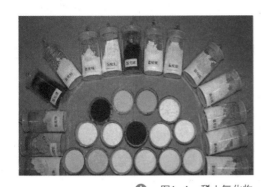

△ 图1-4　稀土氧化物

可以生成多种氢化物、氮化物、硫化物、卤化物。在一定温度条件下，稀土金属甚至可以与碳、磷、氯气、硫等非金属直接反应，生成熔点高、密度小、化学性质稳定的二元化合物。

稀土金属易溶于稀的盐酸、硫酸和硝酸中，微溶于氢氟酸和磷酸。稀土金属与碱不发生反应。

素同样具有极强的亲和力，在加热过程中

——地学知识窗——

稀土金属制取

它是将稀土化合物还原成金属的过程。自1826年瑞典人穆桑德尔（C. G. Mosander）最先制得金属铈以来，现已能生产全部稀土金属，产品纯度达到99.9%。制取稀土金属常用的方法有金属热还原法和熔盐电解法。

稀土元素的主要矿物

由于稀土元素是性质活跃的亲石元素，在地壳中还没有发现它的天然金属或无水硫化物。最常见的是作为矿物的基本组成元素赋存于矿物晶格中，构成矿物必不可少的成分。其次是作为矿物的杂质元素以类质同象置换的形式分散于造岩矿物和稀有金属矿物中，或呈离子状态被吸附于某些矿物的表面或颗粒间。

目前已经发现的稀土矿物超过250种，但具有工业价值的稀土矿物只有五六十种，具有开采价值的只有10种左右（表1-3）。现在用于工业提取稀土元素的矿物主要有氟碳铈矿、独居石矿和磷钇矿。独居石和氟碳铈矿中，轻稀土含量较高。磷钇矿中，重稀土和钇含量较高。

表1-3　　　　　　　　　　　稀土矿物物理性质一览表

名称	物理性质					英文名称
	密度（g/cm³）	硬度	比磁化系数（×10⁻⁶ cm³/g）	介电常数	晶形	
独居石	4.83—5.42	5—5.5	12.75—10.58	4.45—6.69	单斜晶系	Monazite
氟碳铈矿	4.72—5.12	4—5.2	12.59—10.19	5.65—6.90	三方晶系	Bastnaesite
磷钇矿	4.4—4.8	4—5	31.28—26.07	8.1	正方晶系	Xenotime
氟菱钙铈矿	4.2—4.5	4.2—4.6	14.37—11.56		三方晶系	Parisite
硅铍钇矿	4.0—4.65	6.5—7	62.5—49.38		单斜晶系	Cadolinite
易解石	5—5.4	4.5—6.5	18.04—12.92	4.4—4.8	斜方晶系	Eschynite
铈铌钙钛矿	4.58—4.89	5.8—6.3	6.54—5.23	5.56—7.84	等轴晶系	Loparite
复稀金矿	4.28—5.05	4.5—5.5	21.05—18.00		斜方晶系	Polycrase
黑稀金矿	4.2—5.87	5.5—6.5	27.38—18.41	3.7—5.29	斜方晶系	Euxenite
褐钇铌矿	4.89—5.82	5.5—6.5	29.2—21.16	4.5—16	四方晶系	Fergusonite

一、独居石（Monazite）

独居石又名磷铈镧矿。

晶体结构及形态：单斜晶系，斜方柱晶类。晶体成板状，晶面常有条纹，有时为柱、锥、粒状（图1-5）。

物理性质：呈黄褐色、棕色、红色，间或有绿色。半透明至透明。条痕白色或浅红黄色。具有强玻璃光泽。硬度5.0—5.5。性脆。密度4.83—5.42。电磁性中弱。在X射线下发绿光。在阴极射线下不发光。

化学成分及性质：成分变化很大。（Ce，La，Y，Th）[PO₄]。矿物成分

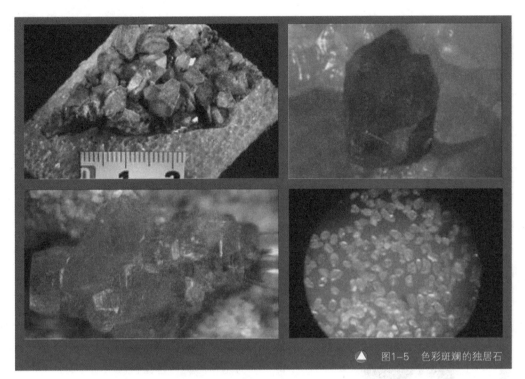

▲ 图1-5　色彩斑斓的独居石

中稀土氧化物含量可达50%—68%。类质同象混入物有Y、Th、Ca、[SiO$_4$]和[SO$_4$]。独居石溶于H$_3$PO$_4$、HClO$_4$、H$_2$SO$_4$中。

生成状态：产在花岗岩、花岗伟晶岩、稀有金属碳酸岩、云英岩、石英岩、云霞正长岩、长霓岩、碱性正长伟晶岩、混合岩及风化壳与砂矿中。

用途：主要用来提取稀土元素。

产地：具有经济开采价值的独居石矿床是冲积型或海滨砂矿床。最重要的海滨砂矿床分布在澳大利亚沿海、巴西沿海以及印度沿海等地。此外，斯里兰卡、马达加斯加、南非、马来西亚、中国、泰国、韩国、朝鲜等地都有含独居石的重砂矿床。

独居石的产量近几年呈下降趋势，主要原因是矿石中的钍元素具有放射性，对环境有害。

二、氟碳铈矿（Bastnaesite）

晶体结构及形态：六方晶系。复三方双锥晶类。晶体呈六方柱状或板状。细粒状集合体（图1-6）。

物理性质：黄色、红褐色、浅绿或褐色。玻璃光泽、油脂光泽，条痕呈白色、黄色，透明至半透明。硬度4—4.5，性脆，密度4.72—5.12，有时具放射性、

▲ 图1-6　氟碳铈矿矿石

金属的弹性、韧性和强度，用于制造喷气式飞机发动机、导弹及耐热机械的重要零件。亦可用作防辐射线的防护外壳等。此外，铈族元素还用于制作各种有色玻璃。

目前，已知最大的氟碳铈矿位于中国内蒙古的白云鄂博矿，作为开采铁矿的副产品，它和独居石一道被开采出来，其稀土氧化物平均含量为5%—6%。品位最高的工业氟碳铈矿矿床是美国加利福尼亚州的芒廷帕斯矿，它是世界上唯一以开采稀土为主的氟碳铈矿。

三、磷钇矿（Xenotime）

晶体结构及形态：四方晶系、复四方双锥晶类、呈粒状及块状（图1-7）。

物理性质：黄色、红褐色，有时呈

具弱磁性。在薄片中透明，在透射光下无色或淡黄色，在阴极射线下不发光。

化学成分及性质：（Ce，La）[CO_3]F。机械混入物有SiO_2、Al_2O_3、P_2O_5。氟碳铈矿易溶于稀HCl、HNO_3、H_2SO_4、H_3PO_4。

生成状态：产于稀有金属碳酸岩、花岗岩、花岗伟晶岩、与花岗正长岩有关的石英脉、石英—铁锰碳酸盐岩脉及砂矿中。

用途：它是提取铈族稀土元素的重要矿物原料。铈族元素可用于制造合金，提高

▲ 图1-7　磷钇矿矿石

黄绿色，亦呈棕色或淡褐色。条痕淡褐色。玻璃光泽，油脂光泽。硬度4—5，密度4.4—4.8，具有弱的多色性和放射性。

化学成分及性质：Y〔PO_4〕。成分中Y_2O_3占61.4%，P_2O_5占38.6%。有钇族稀土元素混入，其中以镝、铒、镱、钪为主。尚有锆、铀、钍等元素代替钇，同时伴随有硅代替磷。一般来说，磷钇矿中铀的含量大于钍。磷钇矿化学性质稳定。

生成状态：主要产于花岗岩、花岗伟晶岩、碱性花岗岩中，亦产于砂矿中。

用途：磷钇矿是提取钇的重要矿物原料。还可用于制取合成橡胶、人造纤维、有机合成等。

中国中南地区有磷钇矿风化壳矿床。

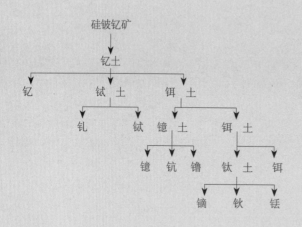

Part 2 稀土元素史籍揭面纱

尽管稀土早就存在于地球矿物之中，但直到18世纪化学科学发展到一定程度时，人们才开始发现并研究它们，从矿物中把它们一个个分离和辨认出来。从1794年发现第一种稀土元素钇，到1947年发现最后一种稀土元素钷，前后经历了150多年，消耗了几十位化学家的毕生精力，书写了化学元素发现史上一段奇特而漫长的史话。

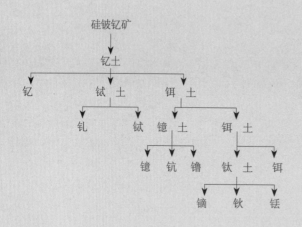

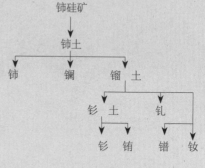

轻稀土元素

一、镧（La）

这种元素是1839年被命名的，当时有个叫莫桑德尔（图2-1）的瑞典人发现铈土中含有其他元素，他借用希腊语中"隐藏"一词把这种元素取名为"镧"。

镧的应用非常广泛，如应用于压电材料、电热材料、热电材料、磁阻材料、发光材料、储氢材料、光学玻璃、激光材料、各种合金材料等。它也应用到制备许多有机化工产品的催化剂中，光转换农用薄膜中也用到了镧。在国外，科学家因镧

对作物的作用赋予其"超级钙"的美称。

二、铈（Ce）

这个元素是由德国人克劳普罗特（图2-2）和瑞典人乌斯伯齐力、希生格尔于1803年发现的，元素名来源于1801年发现的小行星谷神星的英文名。

铈应用领域非常广泛，几乎所有的稀土应用领域中都含有铈，如抛光粉、储氢材料、热电材料、铈钨电极、陶瓷电容器、压电陶瓷、铈碳化硅磨料、燃料电池原料、汽油催化剂、某些永磁材料、各种

图2-1 莫桑德尔（Mosande C.G., 1797—1858），瑞典化学家，稀土镧、铒、铽、铽的发现者。

图2-2 克劳普罗特（Klaproth, Martin Heinrich, 1743—1817），德国化学家，稀土铈的发现者。

13

合金钢及有色金属等。铈作为玻璃添加剂，能吸收紫外线与红外线，现已大量应用于汽车玻璃中。不仅能防紫外线，还可降低车内温度，从而减少空调用电。在汽车尾气净化催化剂中加入铈，可有效防止大量汽车废气排到空气中。硫化铈可对塑料着色，可以取代铅、镉等对环境和人类有害的金属应用到颜料中，也可用于涂料、油墨和纸张等行业。

三、镨（Pr）

瑞典人莫桑德尔从镧中发现了一种新的元素，但它不是单一元素，而且性质与镧非常相似，便将其定名为"镨钕"。"镨钕"在希腊语中为"双生子"之意。40多年后的1885年，奥地利人韦尔斯巴赫（图2-3）成功地从"镨钕"中分离出了两种元素，一种取名为"钕"（图2-4），另一个则命名为"镨"。"双生子"被分隔开了，镨元素也有了自己施展才华的广阔天地。

镨是用量较大的稀土元素，主要用于玻璃、陶瓷和磁性材料中。建筑陶瓷和日用陶瓷中，镨与陶瓷釉混合制成色釉，也可单独作釉下颜料，制成的颜料呈淡黄色，色调纯正、淡雅。镨可用于制造永磁体。选用廉价的镨钕金属代替纯钕金属制造永磁材料，其抗氧性能和机械性能明显

图2-3　韦尔斯巴赫（Carl Auer Freiherr von Welsbach，1858—1929），奥地利化学家，稀土镨、钕的发现者。

图2-4　金属钕

提高，并且可加工成各种形状的磁体，广泛应用于各类电子器件和马达上。镨也可用于石油催化裂化。以镨钕富集物的形式加入石油裂化催化剂中，可提高催化剂的活性、选择性和稳定性。这种镨钕富集物在我国于20世纪70年代开始投入工业使用，用量不断增大。镨还可用于磨料抛光。另外，镨在光纤领域的用途也越来越广。

四、钕（Nd）

伴随着镨元素的诞生，钕元素也应运而生。钕元素凭借其在稀土领域中的独特地位，多年来成为市场关注的热点。

金属钕的最大用途是制作钕铁硼永磁材料。钕铁硼永磁体的问世，为稀土高科技领域注入了新的生机与活力。钕铁硼磁体磁能积高，被称作当代"永磁之王"，以其优异的性能广泛用于电子、机械等行业。阿尔法磁谱仪的研制成功，标志着我国钕铁硼磁体的研究已跨入世界一流水平。钕还应用于有色金属材料。在镁或铝合金中添加1.5%—2.5%的钕，可提高合金的高温性能、气密性和耐腐蚀性，广泛用作航空航天材料。另外，掺钕的钇铝石榴石产生短波激光束，在工业上广泛用于厚度在10 mm以下薄型材料的焊接和切削。在医疗上，掺钕钇铝石榴石激光器代替手术刀用于摘除手术或消毒创伤口。钕也用于玻璃和陶瓷材料的着色以及橡胶制品的添加剂。随着科学技术的发展，稀土科技领域的拓展和延伸，钕元素将会有更广阔的利用空间。

五、钷（Pm）

钷为核反应堆生产的人造放射性元素。1947年，马林斯基（J.A.Marinsky）、格伦丹宁（L.E.Glendenin）和科里尔（C.E.Coryell）从原子能反应堆用过的铀燃料中成功地分离出61号元素，用希腊神话中的神名普罗米修斯（Prometheus）命名为钷（图2-5）。

▲ 图2-5　金属钷

钷可作热源，为真空探测和人造卫星提供辅助能量。^{147}Pm放出能量低的β射线，用于制造钷电池，作为导弹制导仪器及钟表的电源。这种电池体积小，能连续使用数年之久。此外，钷还用于制作便携式X射线仪、荧光粉、度量厚度以及航标灯等。

六、钐（Sm）

1879年，德·布瓦博德朗（L.de Boisbaubran）自铌钇矿的"镨钕"中发现了一种新的稀土元素，并根据这种矿石的名称命名为钐（图2-6）。钐呈浅黄色，是做钐钴系永磁体的原料。钐钴磁体是最早得到工业应用的稀土磁体。这种永磁体

——地学知识窗——

荧光粉

荧光粉俗称夜光粉，通常分为光致储能荧光粉和带有放射性的荧光粉两类。光致储能荧光粉是荧光粉在受到自然光、日光灯光、紫外光等照射后把光能储存起来，在停止光照射后再缓慢地以荧光的方式释放出来，所以在夜间或者黑暗处仍能看到它发光，持续时间长达几小时至十几小时。

有SmCo5系和Sm2Co17系两类。20世纪70年代前期发明了SmCo5系，后期发明了Sm2Co17系。现在以后者为主。钐钴磁体所用的氧化钐纯度不需太高，从成本方面考虑，主要使用95%左右的产品。此外，氧化钐还用于陶瓷电容器和催化剂方面。

另外，钐还具有核性质，可用作原子能反应堆的结构材料、屏蔽材料和控制材料，使核裂变产生的巨大能量得以安全利用。

七、铕（Eu）

1901年，德马凯（Eugene-Antole Demarcay）从"钐"中发现了新元素，取名为铕（Europium）（图2-7），这大概是根据"欧洲"（Europe）一词命名的。在荧光粉中加入氧化铕，可以使荧光粉具发光效率高、涂敷稳定性好、回收成本低等优点，再加上对提高发光效率和对比度等技术的改进，正在被广泛应用。近年氧化铕还用作新型X射线医疗诊断系统的受激发射荧光粉。氧化铕还可用于制造有色镜片和光学滤光片，用于磁泡储存器件、原子反应堆的控制材料、屏蔽材料和结构材料中。

八、钆（Gd）

1880年，瑞士的马里尼亚克将"钐"

图2-6　高纯度金属钐

图2-7　金属铕

分离成两个元素，其中一个由索里特证实是钐元素。1886年，德·布瓦博德朗制得纯净的钆，并确定它是一种新元素，为了纪念钇元素的发现者、研究稀土的先驱、芬兰矿物学家加多林（Gado Linium），遂将这个新元素命名为钆。

钆在现代技术革新中将起重要作用：其水溶性顺磁络合物在医疗上可提高人体的核磁共振（NMR）成像信号；其硫氧化物可用作特殊亮度的示波管和X射线荧光屏的基质栅网；在钆镓石榴石中的钆对于磁泡记忆存储器是理想的单基片；

在无卡诺循环限制时，可用作固态磁致冷介质；用作控制核电站的连锁反应级别的抑制剂，以保证核反应的安全；用作钐钴磁体的添加剂，以保证性能不随温度而变化。另外，氧化钆与镧一起使用，有助于玻璃化区域的变化和提高玻璃的热稳定性。氧化钆还可用于制造电容器、X射线增感屏。世界上目前正在努力开发钆及其合金在磁致冷方面的应用，现已取得突破性进展，室温下采用超导磁体、金属钆或其合金为致冷介质的磁冰箱已经问世。

重稀土元素

一、铽（Tb）

1843年，莫桑德尔通过对钇土的研究，发现了铽元素（Terbium）。

铽的应用大多涉及高新技术领域技术密集、知识密集型的尖端项目，它们又是具有显著经济效益的项目，因此铽的应用有着诱人的发展前景。主要应用领域包括：一是用于三基色荧光粉中的绿粉的激活剂，如铽激活的磷酸盐基质、铽激活的硅酸盐基质、铽激活的铈镁铝酸盐基质，

在激发状态下均发出绿色光。二是制作磁光储存材料。近年来铽系磁光材料已达到大量生产的规模，用Tb-Fe非晶态薄膜研制的磁光光盘，作为计算机存储元件，存储能力提高10—15倍。三是制作磁光玻璃。含铽的法拉第旋光玻璃是制造在激光技术中广泛应用的旋转器、隔离器和环形器的关键材料。特别是铽镝铁磁致伸缩合金（Terfenol，图2-8）的开发研制，更是开辟了铽的新用途。铽镝铁磁致伸缩合

金是20世纪70年代才发现的新型材料。该合金中有一半成分为铽和镝，有时加入钬，其余为铁。该合金由美国艾奥瓦州阿姆斯实验室首先研制，将它置于一个磁场中时，其尺寸的变化比一般磁性材料变化大，这种变化可以使一些精密机械运动得以实现。铽镝铁开始主要用于声呐，目前已广泛应用于多个领域，如从燃料喷射系统、液体阀门控制、微定位到机械制动器、太空望远镜的调节机构和飞机机翼调节器等。

二、镝（Dy）

1886年，法国人德·布瓦博德朗成功地将当时的钬分离成两种元素，一个仍称为钬，而另一个根据从钬中"难以得到"的意思取名为镝（dysprosium，图2-9）。

镝目前在许多高技术领域起着越来越重要的作用，其最主要用途包括：

（1）作为钕铁硼系永磁体的添加剂使用，在这种磁体中添加2%—3%的镝，可提高其矫顽力。过去镝的需求量不大，但随着钕铁硼磁体需求的增加，它成为必要的添加元素，品位必须在95%—99.9%，需求也在迅速增加。

（2）镝用作荧光粉激活剂。三价镝是一种有前途的单发光中心三基色发光材料的激活离子，它主要由两个发射带组成，一为黄光发射，另一为蓝光发射，掺镝的发光材料可作为三基色荧光粉。

（3）镝是制备大磁致伸缩合金铽镝铁（Terfenol）合金必要的金属原料，能使一些机械运动的精密活动得以实现。

（4）镝金属可用于制作磁光存储材料，具有较高的记录速度和读数敏感度。

（5）用于镝灯的制备。镝灯中采用的工作物质是碘化镝，这种灯具有亮度大、颜色好、色温高、体积小、电弧稳定

图2-8　铽镝铁磁致伸缩合金

图2-9　金属镝

等优点，用作电影、印刷等照明光源。

（6）由于镝元素具有中子俘获截面积大的特性，在原子能工业中用来测定中子能谱或作为中子吸收剂。

（7）$Dy_3Al_5O_{12}$还可用作磁致冷用磁性工作物质。

随着科学技术的发展，镝的应用领域将会不断拓展和延伸。

三、钬（Ho）

19世纪后半叶，由于光谱分析法的发现和元素周期表的发表，再加上稀土元素电化学分离工艺的进展，更加快了新的稀土元素的发现。1879年，瑞典人克利夫发现了一种新的稀土元素并以瑞典首都斯德哥尔摩将其命名为钬（holmium，图2-10）。

钬的应用领域目前还有待于进一步开发，用量不是很大。目前钬的主要用途有：

（1）用作金属卤素灯添加剂。金属卤素灯是一种气体放电灯，是在高压汞灯的基础上发展起来的，特点是在灯泡里充有各种不同的稀土卤化物。目前主要使用的是稀土碘化物，在气体放电时发出不同的谱线光色。在钬灯中采用的工作物质是碘化钬，在电弧区可以获得较高的金属原子浓度，从而大大提高了辐射效能。

（2）钬可以用作钇铁或钇铝石榴石

△ 图2-10　金属钬

的添加剂。

（3）掺钬的钇铝石榴石（Ho：YAG）可发射2 μm激光，人体组织对2 μm激光吸收率高，几乎比Hd：YAG高3个数量级。用Ho：YAG激光器进行医疗手术时，不但可以提高手术效率和精度，而且可使热损伤区域减至更小。钬晶体产生的自由光束可消除脂肪而不会产生过大的热量，从而减少对健康组织产生的热损伤。据报道，美国用钬激光治疗青光眼，可以减少患者手术的痛苦。我国2 μm激光晶体的水平已达到国际水平，应大力开发生产这种激光晶体。

（4）在磁致伸缩合金Terfenol-D中也可以加入少量的钬，从而降低合金饱和磁化所需的外磁场。

另外，用掺钬的光纤可以制作光纤激光器、光纤放大器、光纤传感器等光纤通信器件，在光纤通信迅猛发展的今天将发挥更重要的作用。

四、铒（Er）

1843年，莫桑德尔发现了铒元素（Erbium）。铒的光学性质非常突出：

铒离子（Er^{3+}）在1 550 nm处的光发射具有特殊意义，因为该波长正好位于用作光纤通信的光学纤维的最低损失区域，Er^{3+}受到波长980 nm、1 480 nm的光激发后，从基态4I15/2跃迁至高能态4I13/2，当处于高能态的Er^{3+}再跃迁回至基态时发射出1 550 nm波长的光。石英光纤可传送各种不同波长的光，但不同光的光衰率不同，1 550 nm频带的光在石英光纤中传输时光衰减率最低（0.15 dB/km），几乎为下限极限衰减率。因此，光纤通信中，1 550 nm处作信号光时光损失最小。这样，如果把适当浓度的铒掺入合适的基质中，依据激光原理作用，放大器能够补偿通信系统中的损耗。在需要放大波长1 550 nm光信号的电信网络中，掺铒光纤放大器是必不可少的光学器件。目前掺铒的二氧化硅纤维放大器已实现商业化。据报道，为避免无用的吸收，光纤材料中铒的掺杂量为百万分之几十至百万分之几百。光纤通信的迅猛发展，将开辟铒的应用新领域。

🔺 图2-11　金属铒

掺铒的激光晶体及其输出的1 730 nm激光和1 550 nm激光对人的眼睛安全，大气传输性能较好，对战场的硝烟穿透能力较强，保密性好，不易被敌人探测，照射军事目标的对比度较大，已制成军事上使用的对人眼安全的便携式激光测距仪。

Er^{3+}加入到玻璃中，可制成稀土玻璃激光材料，是目前输出脉冲能量最大、输出功率最高的固体激光材料。

Er^{3+}还可做稀土上转换激光材料的激活离子。

铒也可应用于眼镜片玻璃、结晶玻璃的脱色和着色等。

五、铥（Tm）

铥（thulium）元素是1879年瑞典的克利夫发现的，并以斯堪的那维亚（Scandinavia）的旧名Thule命名（图2-12）。

铥的主要用途有以下方面：

（1）铥用作医用轻便X光机射线

源。铥在核反应堆内辐照后产生一种能发射X射线的同位素，可用来制造便携式血液辐照仪，这种辐射仪能使铥169受到高中子束的作用转变为铥170，放射出X射线照射血液并使引起器官移植排异反应的白血细胞数量下降，从而减少器官的早期排异反应。

（2）铥元素还可以应用于临床诊断和治疗肿瘤。因为它对肿瘤组织具有较高亲和性，重稀土比轻稀土亲和性更大，尤其以铥元素的亲和力最大。

（3）铥在X射线增感屏用荧光粉中做激活剂LaOBr：Br（蓝色），增强光学灵敏度，降低X射线对人的照射和危害，与以前使用的钨酸钙增感屏相比可降低一半的X射线剂量，这在医学应用中具有重要的现实意义。

（4）铥还可在新型照明光源金属卤素灯中做添加剂。

（5）Tm^{3+}加入到玻璃中可制成稀土玻璃激光材料。这是目前输出脉冲量最大，输出功率最高的固体激光材料。

另外，Tm^{3+}也可做稀土上转换激光材料的激活离子。

六、镱（Yb）

1878年，查尔斯（Jean Charles）和马利格纳克在"铒"中发现了新的稀土元素，这种元素因发现地伊特必（Ytterby）命名为镱（Ytterbium）（图2-13）。

镱的主要用途有：

（1）制作热屏蔽涂层材料。镱能明显地改善电沉积锌层的耐蚀性，而且含镱镀层比不含镱镀层晶粒细小，均匀致密。

（2）制作磁致伸缩材料。这种材料具有超磁致伸缩性，即在磁场中膨胀的特性。该合金主要由镱/铁氧体合金及镝/铁氧体合金构成，并加入一定比例的锰，以便产生超磁致伸缩性。

（3）用于测定压力的镱元件。实验证明，镱元件在标定的压力范围内灵敏度高，这为镱在压力测定应用方面开辟了一

图2-12 金属铥

图2-13 金属镱

个新途径。

（4）用作磨牙空洞的树脂基填料，以替换过去普遍使用的银汞合金。

（5）日本学者成功地完成了掺镱钇镓石榴石埋置线路波导激光器的制备工作，这一工作的完成对激光技术的进一步发展很有意义。

另外，镱还用作荧光粉激活剂、无线电陶瓷、电子计算机记忆元件（磁泡）添加剂和玻璃纤维助熔剂以及光学玻璃添加剂等。

七、镥（Lu）

1907年，韦尔斯巴赫和尤贝恩（G.Urbain）各自进行研究，用不同的分离方法从"镱"中又发现了一个新元素，韦尔斯巴赫把这种元素取名为Cp（Cassiopeium），尤贝恩根据巴黎的旧名lutece将其命名为Lu（Lutetium）。后来发现Cp和Lu是同一元素，便统一称为镥。

镥的主要用途有：

（1）制造某些特殊合金。例如镥铝合金可用于中子活化分析。

（2）稳定的镥核素可用在石油裂化、烷基化、氢化和聚合反应中起催化作用。

（3）作为钇铁或钇铝石榴石的添加

元素，改善某些性能。

（4）用作磁泡储存器的原料。

（5）制作一种复合功能晶体掺镥四硼酸铝钇钕（NYAB）。这属于盐溶液冷却生长晶体的技术领域，实验证明，掺镥NYAB晶体在光学均匀性和激光性能方面均优于NYAB晶体。

（6）据国外研究发现，镥在电致变色显示和低维分子半导体中具有潜在的用途。

此外，镥还用于能源电池以及荧光粉的激活剂等。

八、钇（Y）

1788年，一位以研究化学和矿物学、收集矿石为业余爱好的瑞典军官卡尔·阿雷尼乌斯（Karl Arrhenius）在斯德哥尔摩湾外的伊特必村（Ytterby），发现了外观像沥青和煤一样的黑色矿物，按当地的地名命名为伊特必矿（Ytterbite）。1794年，芬兰矿物学家约翰·加多林分析了这种伊特必矿样品，发现其中除铍、硅、铁的氧化物外，还含有约38%由未知元素的氧化物组成的"新土"。1797年，瑞典化学家埃克贝格（Anders Gustaf Ekeberg）确认了这种"新土"，命名为钇土（Yttria，钇的氧化物之意）。

钇是一种用途广泛的金属，主要用

途有：

（1）作为钢铁及有色合金的添加剂。FeCr合金通常含0.5%—4%的钇，钇能够增强这些不锈钢的抗氧化性和延展性；MB26合金中添加适量的富钇混合稀土后，合金的综合性能得到明显的改善，可以替代部分中强铝合金用作飞机的受力构件；在AlZr合金中加入少量富钇稀土可提高合金导电率，该合金已为国内大多数电线厂采用；在铜合金中加入钇，可提高导电性和机械强度。

（2）含钇6%和铝2%的氮化硅陶瓷材料，可用来制作发动机部件。

（3）用功率400 W的钕钇铝石榴石激光束来对大型构件进行钻孔、切削和焊接等机械加工。

（4）由YAl石榴石单晶片制成的电子显微镜荧光屏，荧光亮度高，对散射光的吸收低，抗高温和抗机械磨损性能好。

（5）含钇达90%的高钇结构合金，可以应用于航空和其他要求低密度和高熔点的场合。

（6）目前备受人们关注的掺钇$SrZrO_3$高温质子传导材料，对燃料电池、电解池和要求氢溶解度高的气敏元件的生产具有重要的意义。

此外，钇还用作耐高温喷涂材料、

原子能反应堆燃料的稀释剂、永磁材料添加剂以及电子工业中的吸气剂等。

九、钪（Sc）

1879年，瑞典的化学教授尼尔森（L.F.Nilson，1840—1899）和克莱夫（P.T.Cleve，1840—1905）差不多同时在稀有的矿物硅铍钇矿和黑稀金矿中找到了一种新元素，他们给这一元素取名为"Scandium"（钪，图2-14）。钪就是门捷列夫当初所预言的"类硼"元素，这一发现再次证明了元素周期律的正确性和门捷列夫的远见卓识。

钪比起钇和镧系元素来，由于离子半径特别小，氢氧化物的碱性也特别弱，因此，钪和稀土元素混在一起时，用氨（或极稀的碱）处理，钪将首先析出，故应用分级沉淀法可比较容易地把它从稀土元素中分离出来。另一种方法是利用硝酸盐的分解进行分离，由于硝酸钪最容易分解，从而达到分离的目的。用电解的方法

图2-14　金属钪

可制得金属钪，在炼钪时将$ScCl_3$、KCl、$LiCl$共熔，以熔融的锌为阴极电解之，使钪在锌极上析出，然后将锌蒸去可得金属钪。另外，在加工矿石生产铀、钍和镧系元素时易回收钪。钨、锡矿中综合回收伴生的钪也是钪的重要来源之一。

钪在化合物中主要呈+3价态，在空气中容易氧化成Sc_2O_3而失去金属光泽，变成暗灰色。

钪能与热水作用放出氢，也易溶于酸，是一种强还原剂。

钪的氧化物及氢氧化物只显碱性，但其盐灰几乎不能水解。钪的氯化物为白色结晶，易溶于水并能在空气中潮解。

在冶金工业中，钪常用于制造合金（合金的添加剂），以改善合金的强度、硬度和耐热性能。如，在铁水中加入少量的钪，可显著改善铸铁的性能，铝中加入少量的钪，可改善其强度和耐热性。

在电子工业中，钪可用作各种半导体器件，如钪的亚硫酸盐在半导体中的应用已引起了国内外的重视，含钪的铁氧体在计算机磁芯中的应用也颇有前途。

在化学工业上，用钪化合物做酒精脱氢及脱水剂、生产乙烯和用废盐酸生产氯时的高效催化剂。

在玻璃工业中，可以制造含钪的特种玻璃。

在电光源工业中，用钪和钠制成的钪钠灯，具有效率高和光色正的优点。

自然界中的钪均以^{45}Sc形式存在。另外，钪还有9种放射性同位素，即^{40}Sc、^{41}Sc、^{42}Sc、^{43}Sc、^{44}Sc、^{46}Sc、^{47}Sc、^{48}Sc、^{49}Sc。其中，^{46}Sc作为示踪剂，已在化工、冶金及海洋学等方面有所应用。在医学上，国外还有人研究用^{46}Sc来医治癌症。

Part 3 奇功异能话稀土

稀土能与其他材料组成性能各异、品种繁多的新型材料，对改善产品性能、增加产品品种、提高生产效率起到了巨大的作用。同时，稀土作用大，用量少，已成为改进产品结构、提高科技含量、促进行业技术进步的重要元素，并在电子、石油化工、冶金、机械、能源、轻工、环境保护、农业、人类健康等领域中展现出了丰富多彩的奇功异能，因此被誉为"工业维生素"。

飞机　雷达　夜视镜　节能灯　风电涡轮机　节能混合动力车　显示器　手机　电脑硬盘

稀土及其用途
稀土是钐、钕、镝、铽、钪等17种元素的简称，其中每一个元素都可以形成上千亿元的产业。因此，被称为"工业维生素""21世纪黄金"。

"点石成金"的现代工业维生素

稀土不仅可以在工业生产中作为添加剂，如石油化工业的催化剂、玻璃陶瓷业的添加剂，极大地改善产品性能、增加产品品种、提高生产效率，同时还在提高农作物产量、增强动植物的抗病能力、治疗烫伤、皮肤杀菌消炎等方面具有重要作用，被誉为"人类健康的保护神""种植业的丰产素"。

一、金属、非金属材料的添加剂

稀土元素一般原子半径和离子半径都特别大，这一特殊的几何性质使稀土很容易填补生长中的铁或合金的晶粒新相的表面缺陷，生成能阻碍晶粒继续生长的膜，从而使晶粒细化。晶粒细化后不但能提高金属或合金的塑性，消除热脆性，有利于轧制和锻造，还能减少表面缺陷、裂纹，提高耐磨性和抗腐蚀性。

稀土作为球化剂，可用于生产球墨铸铁和蠕墨铸铁，可以提高生铁的可锻性和强度，使其既耐磨又抗疲劳，提高韧性，达到或超过钢的性能，特别适用于生产有特殊要求的复杂球墨铸铁件，被广泛用于制造汽车、机动车辆、油气管道和机械部件。这是稀土应用的一大传统领域。

稀土可以同钢材中的硫、氧等反应，从而消除这些低熔点有害杂质，细化晶粒，影响钢的相变点，从而提高钢的力学性能和淬透性等。稀土特种钢被广泛用作坦克等的装甲钢和炮钢等，稀土高锰钢用于制造坦克履带板，稀土铸钢用于制造高速脱壳穿甲弹的尾翼、炮口制退器和火炮结构件等（图3-1）。

此外，在滚珠轴承钢和合金工具钢中加入稀土金属可以克服其塑性、韧性较差，加工时容易产生裂缝的缺点；稀土镁合金具有很多抗高温蠕变能力、良好的可铸性和室温可焊性，已用于宇航工业中做喷气发动机的传动装置等；混合稀土和铈加进镍基合金，制成加热元件，使用寿命将会成倍地增长；含钇的钴合金抗氧化能力强，能使船用涡轮机的耐蚀能力提高10倍。

图3-1　稀土元素在军工业用途广泛

二、石油化工工业的催化剂

稀土被誉为石油化工工业的催化剂，其催化功能可以应用到各个方面。

稀土可以改善分子筛的稳定性和催化性能：石油催化裂化过程中，沸石分子筛是必不可少的活性组分，而轻稀土（La、Ce、Pr等）离子的三价阳离子对其有亲和力，易交换其孔道中的钠离子，使其呈现出固体酸性，具有催化作用，且稳定好，活性高，对汽油的选择性好。

稀土可以改善催化剂的抗钒污染性能：20世纪90年代以后，随着新疆原油和中东高钒原油加工量的逐年增加，催化裂化原油中的钒含量迅速增加，对催化剂抗钒污染能力的要求提高了。钒的影响主要是造成催化剂中沸石晶体崩塌，催化剂基质因融化而烧结，使催化剂永久性中毒，对催化裂化反应及装置效益影响很大。稀土氧化物恰好也是一种有效的抗钒组分，

在催化剂基质中添加一定量的稀土氧化物，在高钒污染时可减缓催化剂效果的下降。

复合稀土氧化物还可以用作内燃机尾气净化催化剂，在未来的空气污染治理中将会发挥重要的作用。

从2013年开始，"雾霾"成为生活中的常见词。2013年1月，4次雾霾过程笼

——地学知识窗——

催化剂

催化剂又称触媒，是一类能改变化学反应速度而在反应中自身并不消耗的物质。催化剂能改变化学反应途径，降低反应活化能，使某类反应更容易进行。催化剂对化学反应速率的影响非常大，有的催化剂可以使化学反应速率加快几百万倍。

▲ 图3-2 十面"霾"伏的北京城

罩30个省（区、市），在北京，仅有5天不是雾霾天（图3-2）。有报告显示，中国最大的500个城市中，只有不到1%的城市达到世界卫生组织推荐的空气质量标准，世界上污染最严重的10个城市中有7个在中国。

在雾霾污染源中汽车尾气占据较大的比例，其中北京的机动车污染占比达31.1%，上海的流动源也就是机动车尾气污染占比最大，为25.8%。机动车尾气的主要危害有：一是机动车排放的尾气中PM2.5的粒度很小，在0.04—0.3 μm（柴油车0.3 μm，汽油车0.1 μm，摩托车0.04 μm），远小于2.5 μm，不但能够进入肺部，而且能够进入血液，对人体的危害巨大。二是尾气化学组成的毒性大，机动车排放的尾气中PM2.5含有多环芳烃（PAHs）等16种高致癌物质，为毒性和危害最大的污染物。

关于汽车尾气净化，以汽油车为

例，现在主要的是采用的三效催化净化技术，三效催化剂由蜂窝体和催化剂涂层组成，催化剂涂层由稀土储氧材料（由氧化铈、氧化镧和氧化锆制备）、稀土稳定的氧化铝材料和贵金属组成。稀土储氧材料中的稀土元素铈为一种变价元素，其氧化物具有特殊的储存和放氧功能，与贵金属Pt、Pd等结合，在贫燃时储存氧，富燃时提供氧，将汽车尾气排放的碳氢化合物（HC）、一氧化碳（CO）和氮氧化合物（NO$_x$）等污染物高效转化还原成对人体无害的氮气和水。由于稀土储氧材料的高性能，使三效催化剂的性能大幅度提高，现在国外已经达到准零排放水平，最终将实现基本上不排放污染物。

既然汽车安装了尾气净化装置，为什么国内的城市污染依然持续爆表呢？主要原因在于国内大量的汽车存在尾气净化器过期使用的问题。

催化剂实验寿命里程为8万千米或10万千米，当汽车行驶距离超过8万千米时，排放基本上超标，所以造成大范围大面积的污染是由于没有定期更换催化剂造成的。此外，催化剂自身失效会造成污染物排放增加3倍左右，而润滑油里的磷、锌等在催化剂孔道内的沉积，使排气阻力（背压）增加，发动机燃烧劣化是造成污染物排放增加数十倍的主要原因。

从测定结果分析，更换催化剂后的汽油车，PM2.5至少可以降低60%～80%。所以，只有政府大力提倡，全民共同参与，才能使稀土元素在治理城市雾霾的进程中持续发光发热，还我城市湛蓝天空。

此外，在合成氨生产过程中，用少量的硝酸稀土为助催化剂，其处理气量比镍铝催化剂大1.5倍；在合成顺丁橡胶和异戊橡胶过程中，采用环烷酸稀土－三异丁基铝型催化剂，所获得的产品性能优良，具有设备挂胶少、运转稳定、后处理工序短等优点。

三、玻璃、陶瓷的添加剂

现代建筑大量使用玻璃，普通的玻璃无色透明，显得清冷单调。但若在玻璃里加入少量稀土，则可使玻璃呈现五颜六色（图3-3）。稀土不仅可以作为玻璃的着色剂，还可作为玻璃的脱色剂。用稀土

▲ 图3-3 五颜六色的玻璃制品

抛光粉抛光玻璃可以使玻璃变得更加晶莹透明，并提高玻璃的强度和耐热性，延长玻璃的使用寿命。

在陶釉和瓷釉中添加稀土，可以减轻釉的易碎裂性，并能使制品呈现不同的颜色和光泽（图3-4）。掺稀土的陶瓷，能够在更高的温度下工作，避免或减少裂缝产生。将稀土色剂加入到陶瓷中制成变色陶瓷，可在不同光照下呈现不同色彩。

▲ 图3-4 不同颜色、光泽的陶瓷制品

另外，稀土还能够改变玻璃和陶瓷的性能。在熔制玻璃的过程中，添加不同类型的稀土元素可以制得不同用途的光学玻璃和特种玻璃，其中包括能通过红外线、吸收紫外线的玻璃，耐酸及耐热的玻璃，防X射线的玻璃等。在烧制陶瓷的过程中，加入硫化铈可以改善陶瓷的电学性能，加入二氧化铈则能使瓷釉的消音性能更好。

四、人类健康的守护神

有关稀土在医学中的应用，长期以来都是全世界很重视的研究方向。人们很早就发现了稀土的药理作用。最早在医药中应用的是铈盐，如草酸铈可用于治疗海洋性晕眩和妊娠呕吐，已载于药典；此外，简单的无机铈盐可用作伤口消毒剂（图3-5）。自20世纪60年代以来陆续发现稀土化合物具有一系列特殊的药效作用，是Ca^{2+}的优良拮抗剂，有镇静止痛作用，可广泛用于治疗烧伤、炎症、皮肤病、血栓病等，引起了人们的广泛注意。

▲ 图3-5 常见稀土药物

1. 抗凝血作用

稀土化合物在抗凝血方面有特殊地位。它们用于体内、外都能降低血液的凝固，特别用于静脉注射，能立即产生抗凝作用，并持续1天左右。稀土化合物作为抗凝剂的重要优点是作用迅速，这和直接作用的抗凝剂（如肝素）相当，并且具有长期效应。稀土化合物在抗凝血方面已得

到广泛的研究和应用，但在临床应用方面由于稀土离子的毒性和累积问题而受到一定限制。尽管稀土属于低毒范围，比很多过渡元素的化合物安全得多，但仍需进一步考虑包括从体内排出等问题。近年来，稀土作为抗凝剂已有新的发展，人们将稀土与高分子材料结合，制得具有抗凝血作用的新型材料，由这样的高分子材料制成的导管及体外血液循环装置可以防止血液凝固。

2. 烧伤药物

稀土铈盐的抗炎作用能有效提高治疗烧伤效果。使用含铈盐药物，能使创面炎症减轻，加速愈合，稀土离子能抑制血液中细胞成分的增殖及液体从血管中的过度渗出，从而促进肉芽组织的生长及上皮组织的代谢。硝酸铈能迅速控制严重感染的创面使其转为阴性，为进一步治疗创造条件。

3. 抗炎、杀菌作用

稀土化合物作为抗炎、杀菌药物使用已有很多报道。使用稀土药物对皮肤炎、过敏性皮肤炎、牙龈炎、鼻炎和静脉炎等炎症均有令人满意的效果。目前，稀土抗炎药物大部分为局部外用药，但也有一些学者在探索将其内用治疗结缔组织病（风湿性关节炎、风湿热等）和过敏性疾

病（荨麻疹、湿疹、漆中毒等），这对皮质激素类药物禁忌的患者更具有重要意义。现在许多国家都在进行着稀土抗炎药物的研究，期待有进一步的突破。

4. 抗动脉硬化作用

近年来发现稀土化合物有抗动脉硬化作用，很受人们关注。冠状动脉硬化是工业化国家发病死亡的首要原因，我国大城市近年来也出现了同样的趋势。因此，动脉粥样硬化的病因研究和防治成为当今医药研究的重大课题之一。稀土元素镧可预防、改善主动脉和冠状动脉粥样硬化。

5. 放射性核素与抗肿瘤

稀土元素的抗癌作用已引起人们的关注。最早利用稀土诊断及治疗癌症是用其放射性同位素。1965年，开始用稀土放射性同位素治疗与垂体有关的肿瘤。科研人员对轻稀土抑瘤作用机理的研究表明，稀土元素除了可以清除机体内的有害自由基外，还可使癌细胞内的钙调素水平下降，抑癌基因的水平上升。这表明稀土元素的抑癌作用可能是通过使癌细胞恶性程度下降而实现的，说明稀土元素对肿瘤的防治有不可低估的前景。

北京市劳防所等采用回顾性队列调查的方法，对甘肃稀土行业工人进行了17年的肿瘤流行病调查。结果表明：稀土厂区人群、生活区人群和甘肃地区人群的标化死亡率（肿瘤）分别为23.89/105、48.03/105和132.26/105，其比值为0.287∶0.515∶1.00。稀土组明显低于本地对照组和甘肃省，说明稀土可抑制人群肿瘤的发病趋势。

稀土用于卫生保健是最近几年的事。

稀土磁疗链虽然发明不久，但已被广大患者证明有减轻疼痛、稳定血压和止咳化痰等作用。用铥、钷的放射性同位素制作的一种轻便的手提X射线机（图3-6），只有2 kg重，携带方便，非常适用于战地医疗和野外、流动工作场地使用。

在医疗方面应用最广泛的是运用稀土永磁材料进行磁穴疗法。由于稀土永磁材料的磁性能很高，并能做成各种形状的磁疗用具，而且不易退磁，用它作用于肌体经络穴位或病变区域，能取得比传统磁疗效果更好的疗效。现在用稀土永磁材料

▲ 图3-6　手提X射线机

31

制成的磁疗项链、磁疗手表、磁疗戒指、磁疗鞋垫、磁疗帽、磁疗腰带、磁性木梳、磁性护膝、磁性按摩器等磁疗产品（图3-7），具有镇静、止痛、消炎、止痒、降压、止泻等作用。

五、种植业的丰产素

稀土氧化物无毒，在农业上施用稀土微肥（图3-8），既可取得良好的生产效果，又安全可靠。多年试验证明，施用适当浓度的稀土元素可以促进种子萌发，提高种子发芽率，促进幼苗生长；可以提高植物的叶绿素含量，增强光合作用；促进根系发育，增加根系对养分的吸收；促进植物对养分的吸收、转化和利用，对粮食、油料、水果、蔬菜等农作物有一定的增产作用。

1. 促进种子萌发和生根发芽

稀土拌种、浸种，可增加种子活力，促进作物种子萌发，提高种子的出

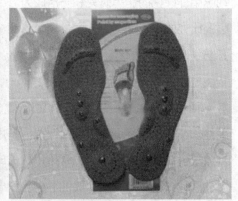

▲ 图3-7　生活中常见的永磁产品

▲ 图3-8　各种稀土元素化肥

苗率，是稀土使作物增效的一种重要作用。稀土的这种作用已应用在小麦、水稻、玉米、大豆、白菜、油菜、麻类等大田作物上，其中小麦发芽率提高幅度达8%—19%，胡麻提高7%—12%。稀土的这种作用也用于牧草种植，其发芽率提高9.8%—19%。在林业上，苗圃基地也利用稀土的这个特性，用适量的稀土化合物溶液处理油松、柠条及华北落叶松种子，可分别提高种子活力指数8%—13%、25.9%—57.2%和9%，发芽率分别提高4%—11%，2%—6%和3%—9%，田间出苗高峰要早2—4 d。桑树种子浸种可提高发芽率达18%—78%。

稀土对植物根系和扦插生根具有显著的促进作用。植物根系是植物从其生活环境中获取水分和养分的重要器官，根系的生理活动直接影响着植物一生的生长发育。研究表明，适量的稀土元素可促进植物根系的生长发育，提高根系活力，促进根分化和代谢活动，提高根对营养元素的吸收能力。研究表明，适量稀土处理的水稻根系体积比对照增大1.18倍，根系活力增加20%。花生试验也表明，经稀土处理的花生的根系活力比对照也增加30.8%。稀土元素对大田作物如小麦、水稻、玉米和甘蔗等根系生长均有明显的促进作用，

根长增加4%—10%，根重增加15%以上，根系体积增加2.5%。稀土元素对木本植物插条生根具有促进作用，特别是生长刺激素与生长素配合效果更好。用杨树、月季、圆柏、落叶松做扦插，其生根率达到60%—85%，龙眼、高山含笑、板栗等难生根树种插条根系生长也可达到35%—60%，比单用激素生根率提高30%。

稀土对种子活性的增强和发芽率的提高以及对木本植物扦插生根的促进作用能够保证作物出苗率和扦插成活率，不但打下丰收基础，而且还节约了时间和成本。谚语常说"有钱买籽，无钱买苗"。稀土在种子萌发、移栽、扦插方面必将发挥重要作用。

2. 促进叶绿素的增加、提高产量和改善品质

叶绿素是植物进行光合作用的物质基础。叶绿素含量越高，光合作用的强度就越大。多年试验结果表明，许多作物应用稀土化肥后，叶绿素含量都有所提高。水稻在幼苗期喷施万分之三的稀土化肥，经过一段时间后，可以目测到叶色逐渐加深，经过测定剑叶中叶绿素含量比对照增加11.8%。黄花菜叶片叶绿素含量增加0.2 mg/g。叶片喷施适量的稀土化肥，可明显提高黑穗醋栗叶片的光合速率、叶绿

素含量、光量子通量密度等生理指标，表明稀土可促进黑穗醋栗生长。叶绿素的增加会提高植物的干物质累计量，提高经济产量。黑龙江春小麦试验结果表明，39次试验中有34次增产，增产幅度为7.53%—18.88%。长期定位试验结果也表明，稀土化肥促进小麦生长，提高产量5%—10%。水稻上施用后的增产幅度为30 kg/亩，玉米的增产幅度为41—50 kg/亩，油菜增产7.6%—11.4%，茶叶平均增产12%—15%，蔬菜如黄瓜增产25%，水果如草莓增产30%。同时，稀土化肥用于其他蔬菜和经济作物上也都有很好的增产效果。

稀土具有促进林木种子生长发育、提高林产品产量、改善产品质量等作用。目前应用树种已达40个以上，以浸种、拌种、蘸根、插条和叶面喷施等方式用于苗木培养，促进树木生长，防病抗逆，增加产量。稀土元素对多种果树都有一定的增产效应，一般增产幅度在10%—25%。而不同地理位置、不同类型的水果，因气候条件的变化，其增产效果有差异。如南方的柑橘、荔枝和龙眼，喷施稀土比未喷稀土的分别增产19.2%、17.0%和24.5%；北方的葡萄、苹果和梨，分别增产22.8%、14.7%和11.3%。此外，果树施用稀土不仅可以增加产量，而且可改善苗木和果品质量，使果实含糖量、维生素含量及硬度指标等均有不同程度的提高，同时可以促进着色，提早成熟；苗木一级品率提高15%—25%。

用适量稀土拌种可提高桑树新种子发芽率7个百分点，旧种子达44个百分点，显著促进幼苗的生长。试验结果还表明，桑树以适当浓度喷施稀土后，发条数增加6.4%—9.0%，新梢长度增加6.89%—22.46%，叶片数增加5.12%—14.1%，平均每片叶重增加12.57%—31.49%，单位面积产量提高11.67%—16.67%。

除了以上主要作用外，稀土元素还具有使某些作物增强抗病、抗寒、抗旱的能力。

未来新材料宝库

稀土元素具有特殊的光、电、磁等物理性能和化学特性，利用这些性质特长，可以制造出各种稀土功能材料，如稀土永磁、发光、储氢、稀土转光膜和抗旱保水剂等，在工业、农业、国防等方面发挥了巨大作用。伴随着科学技术的发展，稀土的作用会越来越大。

一、稀土永磁

稀土元素具有优异的磁学性质，可以用来制备各种性能优异的磁学材料，其中在永磁材料中的应用较为广泛。稀土永磁材料的发展经历了三代：第一代SmCo5永磁材料，第二代Sm2Co17永磁材料，第三代钕铁硼（Nb-Fe-B）永磁材料。

——地学知识窗——

永磁材料

永磁材料又称硬磁材料，具有宽磁滞回线、高矫顽力、高剩磁、一经磁化即能保持恒定磁性的特征。

稀土永磁材料在军事领域的应用可以说无处不在。常规通信中，一端将声音信号转换成电信号，另一端将电信号转换成声音信号，都需要借助电磁铁；电机将电能转化成动能、发电机将机械能转化成电能，都需要磁铁。

应用于惯导系统的各类陀螺仪、加速度计、力矩电机等核心测量元件的量程、精准度很大程度上是由永磁材料的性能和稳定性决定的，这些元件使用的永磁材料主要是钕铁硼永磁体、钐钴磁铁，特别是低温度系数的磁铁。世界上先进的作战飞机、潜艇、中远程弹道导弹、巡航导弹以及精确制导炸弹等武器大多数采用惯性制导导弹。

在巡航导弹的制导中，永磁体的作用极为重要，如海湾战争中大显神威的"爱国者"导弹就使用了4 kg的钕铁硼永磁材料；国产的长剑、红鸟、鹰击等系列导弹也离不开高性能的稀土永磁材料。此外，反潜飞机，如我国高新6号的"长尾

地学知识窗

惯导系统

惯导系统是利用惯性测量装置测量飞机、舰船、导弹等运载体的运动参数（速度、加速度、角位移等），计算数据计算出运载体的实际位置（图3-9）。

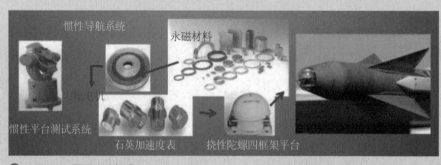

△ 图3-9　惯导系统组成

巴"实际上就是一个磁异探测仪，也和高性能的稀土磁性材料息息相关。

民用稀土永磁主要应用于计算机的硬盘驱动器、振动马达、医用核磁共振仪、石油开采电机、汽车中的各种电机、各种家电产品等。在低碳经济中，稀土永磁材料是不可或缺的。如1 MW的风力发电机需1 000 kg左右的钕铁硼；每台混合动力汽车的驱动电机需要2.3 kg的钕铁硼；各种变频节能家电（变频空调、变频冰箱、变频洗衣机等）需要大量的稀土永磁材料。相对传统的电机，稀土永磁电机节能30%以上。

二、稀土发光

在稀土功能材料的发展中，尤其以稀土发光材料格外引人注目。稀土因其特殊的电子层结构而具有一般元素所无法比拟的光谱性质，稀土发光几乎覆盖了整个固体发光的范畴，只要谈到发光，几乎就离不开稀土。稀土元素的原子具有未充满的受到外界屏蔽的4f5d电子组态，因此有丰富的电子能级和长寿命激发态，能级跃迁通道达20余万个，可以产生多种多样的辐射吸收和发射，构成广泛的发光和激光材料。随着稀土分离、提纯技术的进步，稀土发光材料的研究和应用得到显著发展。发光是稀土化合物光、电、磁三大功

——地学知识窗——

三基色节能灯

三基色节能灯全称为三基色节能型荧光灯，是一种预热式阴极气体放电灯，分直管形、单U形、双U形、2D形和H形等，具有体积小、光色柔和、显色性好、造型别致等特点，发光效率比普通节能灯高30%左右，比白炽灯高5—7倍，即一只7 W的三基色荧光灯发出的光通量与一只40 W的普通白炽灯发出的光通量相当。我国新开发的适用于室外照明的大功率强光型稀土紧凑型节能荧光灯管，光效达80 lm/W以上。

能中最突出的功能，受到人们极大的关注。就世界稀土应用领域的消费分析结果来看，稀土发光材料的产值和价格均位于前列。中国的稀土应用研究中，发光材料也占主要地位。

稀土发光材料的应用会给光源带来环保节能、色彩显色性能好及寿命长等优点，有利于推动照明显示领域产品的更新换代。

使用稀土发光材料的荧光灯寿命为6 000—10 000 h，是白炽灯的6—10倍；发光效率是70—100 lm/W，比节能灯节能80%以上。目前，欧洲各国已达成一项协议，在未来几年内，逐步让节能的稀土三基色荧光灯取代高耗能的、以钨丝为发光体的老式白炽灯。我国发展改革委、商务部、海关总署、国家工商总局、

国家质检总局联合印发了《关于逐步禁止进口和销售普通照明白炽灯的公告》，规定我国从2012年10月1日起，按照功率大小分阶段逐步禁止进口和销售普通照明白炽灯。

激光是一种新型光源，具有很好的单色性、方向性和相干性，并且可以达到很高的亮度，广泛应用于工、农、医和国防部门。

稀土材料是激光系统的心脏，是激光技术的基础，由激光而发展起来的光电子技术不仅广泛用于军事，而且在国民经济许多领域如光通信、医疗、材料加工（切割、焊接、打孔、热处理等）、信息储存、科研、检测和防伪等方面也获得广泛应用，形成新产业。

在军事上，稀土激光材料广泛应用

图3-10 威力巨大的激光武器

于激光测距、制导、跟踪、雷达、激光武器和光电子对抗、遥测、精密定位及光通信等方面，提高和改变了各军种和兵种的作战能力和方式，在战术进攻和防御中起重大作用。高功率激光材料可用以制作激光致盲武器（图3-10）和光电对抗武器等。光发射二极管（LED）泵浦激光器输出光束质量好，非线性移频效率高，可把毫瓦级的激光移频到蓝光、绿光和红光区，用于光存储、显示、遥感、雷达和科研等。

除上述领域外，稀土发光材料还被广泛应用于促进植物生长、紫外消毒、医疗保健、夜光显示和模拟自然光的全光谱光源等特种光源和器材的生产，应用领域不断得到拓展。

三、稀土储氢

氢能是可以通过一定的方法利用其他能源制取的，是一种二次能源，被视为21世纪最具发展潜力的清洁能源，而该能源开发利用的关键是解决氢高密度安全储存的问题。

储氢材料主要有两类：LaNi5型储氢合金（AB5）和La-Mg-Ni系储氢合金。主要应用范围如图3-11所示，其中最大的应用市场为镍氢电池。

镍氢电池具有能量密度高、循环寿命长、动力学性能良好、环境友好和安全性好等优点，广泛应用于便携式电子设备、电动工具、混合电动车（HEV）。就技术水平看，在各类动力电池中，镍氢电池的综合优势最为明显。

HEV用镍氢电池的使用寿命达到了8年或者是16万千米。目前85%的HEV采用镍氢电池，未来一段时间镍氢动力电池仍是油电混合车或电动汽车的首选电源。预计2020年混动车全球达到375万辆以上，车用镍氢电池动力还需300万套以上，按

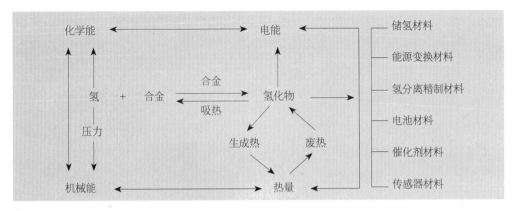

🔺 图3-11 储氢材料工作原理及用途

每台HEV用储氢合金10 kg计算，2020年需储氢合金3万t以上。

四、稀土利农

稀土转光膜、稀土抗旱保水剂是未来稀土农用研究的重要领域和发展方向。

1. 稀土转光膜

稀土转光膜是利用有机配体对紫外光的高吸收，稀土离子的高发光效率，并把稀土有机配合物分散到现有的多功能农膜中研制而成的，具有荧光转换发光功能的农用高分子材料（图3-12）。

稀土转光膜可以将太阳光中对作物生长不利的紫外光中的绝大部分转变为植物光合作用能直接利用的红橙光，通过改进作物的光照质量，进而提高作物体内的叶绿素含量。因此，与普通膜相比，能明显提高农作物的光合作用强度，提高地温和棚温，降低作物病情指数和果实中硝酸盐的含量，加快生育过程，提高作物产量，增加果实中维生素C、胡萝卜素和可

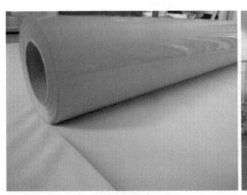

🔺 图3-12 稀土转光膜及在花卉种植中的应用

溶性糖的含量。

中国目前已成为世界最大的农膜市场，据国家统计部门统计，我国每年约需使用200万t农膜，其中农用地膜平均年用量已超过100万t。由于我国很多地区将大幅度调整农业种植结构，经济类作物种植面积增加，粮食作物大面积减少，而大多数经济类作物需由农膜育苗，多功能农膜需求量比以往有望增长20%左右，普通膜需求量则将下降15%左右，其中多功能温室棚膜的应用比例将提高30%以上。

稀土转光膜是在多功能农膜的基础之上又增加了转光的功能，可广泛地应用于农业，发展潜力巨大，开发前景光明。

转光材料在工业、医药学及其他高技术领域也有广阔的发展前景。随着地球上空臭氧层逐渐稀薄，南极上空臭氧空洞逐渐扩大，人们对紫外线的辐射日益关切。转光技术应用于玻璃、阳光板、纺织纤维中，可以有效吸收并转换日光中的紫外线，改善光照条件，减少紫外线的辐射。此外，稀土转光材料还可以用在化学分析、显示器件、稀土生物大分子荧光探针和稀土生物分子的荧光标记等方面。因此，稀土转光材料具有广阔的市场潜力和巨大的社会经济效益。

2. 稀土抗旱保水剂

保水剂是一种高吸水性树脂。这类物质含有大量的强吸水基团，结构特异，在树脂内不可产生高渗透缔合作用并通过其网孔结构吸水，它最大吸水可高达自身重量的1 000倍。

保水剂是20世纪70年代美国首先研制成功的一种新型高分子吸水材料，可广泛应用于工、农、建筑、卫生等多个领域。1980年美国首先实现了工业生产，随后日本、法国、英国、意大利等国都有不同规模的生产。保水剂因能够调节土壤水和肥的综合功能，保持和提高水分、养分的有效性，广泛受到国内外农业专家的重视。

我国保水剂的研制始于20世纪80年代，目前大部分产品已经定型，相当一部分产品通过了技术鉴定，目前已有上千万亩的推广面积。而稀土抗旱保水剂是吸纳国外的保水技术，采用独特的稀土催化和添加技术，研制出稀土高分子吸水材料，并且与植物生长所需的种肥、各种微量元素按优化配比相复合而制成，具有保水、保肥、使用方法简便、成本低廉的特点，很有开发应用前途。

稀土成因解密码

　　稀土矿床和稀土矿化地区在空间上既分布于地壳的稳定地区（地台和准地台），亦

分布于地壳的活动地区（地槽和褶皱系）。在时间上主要形成于中晚元古代以后，特别

是中晚元古代和中新生代。根据性质和能量来源的不同，地质成矿作用可以分为岩浆成

矿作用、沉积—风化成矿作用和变质成矿作用，相应地形成岩浆型、沉积—风化型和变

质型三大类稀土矿床。

稀土成矿基本特征

一、地质空间分布特征

中国稀土矿床和稀土矿化地区在大地构造上的空间分布规律是：既分布于稳定的地质构造单元之中（地台或准地台），又分布于活动的地质构造单元之内（褶皱系）（图4-1）。地台是地壳的稳定区域，但有地台活化的发生，故有岩浆和成矿溶液的活动，为稀土的转移富集提供了条件。褶皱系是地壳的活动地区，岩浆和矿液的活动，加上适宜的地质环境，促成了稀土的富集成矿。

图4-1 褶皱系

二、地质时间分布特征

中国稀土资源形成的时代主要集中在中晚元古代以后的地质历史时期，太古宙时期很少有稀土元素富集成矿，这与活动的中国大陆板块演化发展历史有关。中晚元古代时期华北地区北缘西段形成了巨型的白云鄂博铁铌稀土矿床；早古生代（寒武纪）形成了贵州织金等地的大型稀土磷块岩矿床；晚古生代有花岗岩型和碱性岩型稀土矿床形成；中生代花岗岩型和碱性岩型稀土矿床广布于中国南方；新生代（喜马拉雅期）有碱性花岗岩和英碱岩稀土矿床的形成；第四纪有中国南方风化淋积型稀土矿床的形成。

中国稀土矿床成矿时代之多、分布时限之长，是世界上其他国家所没有的。但我国稀土资源最主要的富集期是中晚元古代和中新生代，其他时代的稀土矿床一般规模较小。

稀土成矿作用

稀土矿床是由各种地质作用形成的，各种不同的地质作用形成不同的矿床类型。地质成矿作用按其性质和能量来源可分为岩浆成矿作用、沉积—风化成矿作用和变质成矿作用。

——地学知识窗——

矿床

矿床是地表或地壳里由于地质作用形成的并在现有条件下可以开采和利用的矿物的集合体。一个矿床至少由一个矿体组成，也可以由两个或多个甚至十几个乃至上百个矿体组成。矿床是地质作用的产物，但它又与一般的岩石不同，它具有经济价值。

一、岩浆成矿作用

岩浆成矿作用是指与岩浆活动有关的各种成矿作用。按照物理和化学条件的不同划分为岩浆成矿作用、伟晶岩成矿作用和热液成矿作用等。

1.岩浆成矿作用

它是指在地壳深处的高温（650℃—1 000℃）高压下，有用矿物从岩浆直接结晶的作用（图4-2）。它是岩浆冷却结晶的最初阶段，所形成的有用矿物及其结晶顺序、富集条件依据不同的岩浆类型而变化。

2.伟晶岩成矿作用

它是岩浆成矿作用的继续，是富含挥发分和稀有、放射性元素的残余岩浆中的矿物在400℃—700℃之间、外压大于内

43

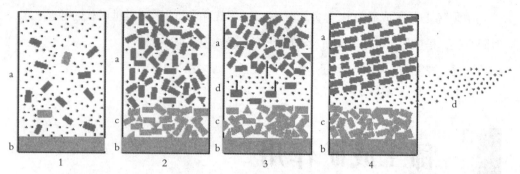

1—在冷凝带形成后早期岩浆结晶；

2—先后结晶的硅酸盐矿物因比重不同按重力关系占据各自的位置；

3—富矿质残浆通过粒间空隙向下集中，较晚结晶的比重较小的硅酸岩晶体上浮（此阶段冷凝结晶则形成层状矿体）；

4—在外力作用下富矿残浆经压滤作用沿裂隙贯入形成贯入矿体。

⬤ 图4-2　岩浆分异矿床成矿作用理想模式（据贝特曼原图修改）

压的封闭系统中缓慢进行结晶的过程。

3.热液成矿作用

它是在一定深度（几千米至几十千米）下形成的。具有一定温度（几十至几百摄氏度）和一定压力（几至几百兆帕）的含矿溶液，通过把深部的矿质或分散在岩石中的成矿元素溶解、萃取并初步富集，再挟带到一定的部位通过充填、交代等方式形成矿床（图4-3）。

二、沉积—风化成矿作用

1.沉积成矿作用

地表风化作用形成的岩、矿石碎

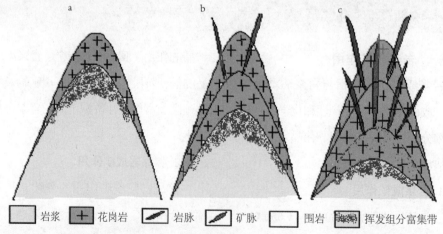

| 岩浆 | 花岗岩 | 岩脉 | 矿脉 | 围岩 | 挥发组分富集带 |

⬤ 图4-3　岩浆充填矿床成矿模式示意图（鲁缅采夫）

屑、有机残骸和火山喷出物等，被水、风、冰川、生物等外力搬运到有利于沉积的地质环境中，通过沉积分异作用而形成有用组分聚集的成矿作用。

机械沉积：当风化产物被水流冲刷和再沉积时，物理和化学性质稳定、相对密度大的矿物就形成机械沉积和富集，形成稀土矿床的作用。

化学沉积：由溶液直接结晶的沉积作用。多系在干旱炎热气候条件下，在干涸的内陆湖泊、半封闭的潟（xì）湖及海湾中，各种盐类溶液因过饱和而结晶。

2. 风化成矿作用

风化作用是指原生矿物经风化后发生分解和破坏，形成在新的条件下稳定的矿物和岩石的成矿作用。

三、变质成矿作用

变质成矿作用是指地壳中已经形成的岩石和矿石，由于地壳构造运动和岩浆、热液活动的影响，温度和压力发生改变，使其在矿物组分、结构构造上发生改变而造成有用矿物的形成或聚集的作用。可分为区域变质成矿作用和接触变质成矿作用（图4-4）。

1. 接触变质成矿作用

接触变质成矿作用是指由于岩浆侵入使围岩受到热的影响而引起的变质作用，主要发生在中酸性岩浆岩同碳酸盐类

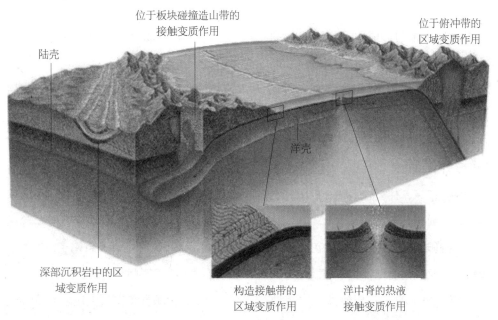

位于板块碰撞造山带的接触变质作用

位于俯冲带的区域变质作用

陆壳

洋壳

深部沉积岩中的区域变质作用

构造接触带的区域变质作用

洋中脊的热液接触变质作用

▲ 图4-4 变质成矿作用

岩石的接触带上。

2. 区域变质成矿作用

区域变质成矿作用是指伴随区域构造运动而发生的大面积的变质作用，使原岩矿物重结晶，并常常伴有一定程度的交代作用，形成新矿物的成矿作用。

按矿床的形成作用进行分类，所划分的矿床类型称为矿床的成因类型。相应形成岩浆型矿床、沉积—风化型矿床和变质型矿床。

稀土矿床类型

根据成矿作用的不同，我们将稀土矿床和稀土矿化地区划分为三大成因类型，每一类型中都有具工业意义的典型矿床代表。

一、岩浆型矿床

岩浆型矿床的形成主要与岩浆活动有关，是在地球不同深度的压力和温度作用下完成的。按照物理、化学条件与岩浆热液类型的不同，可以分为：花岗岩、碱性花岗岩、花岗闪长岩及钠长石化花岗岩型稀土矿床，碱性岩型稀土矿床，火成碳酸岩型稀土矿床，伟晶岩型稀土矿床，热液脉型稀土矿床。

1. 花岗岩、碱性花岗岩、花岗闪长岩及钠长石化花岗岩型稀土矿床

矿床中稀土的来源与酸性、中酸性或偏碱性花岗岩岩浆活动有关，岩浆源多

为浅源，也可能为深源，稀土以副矿物形式存在。复式岩体、大岩体边缘和小型岩株，对稀土矿化有利；岩浆后期或岩浆期后的热液活动，对稀土富集成矿起着促进作用。

这类矿床多分布于褶皱系之中，主要有：

（1）江西西华山—荡坪复式花岗岩体。含硅铍钇矿、黑稀金矿、褐钇铌矿、磷钇矿、独居石、氟碳钙钇矿等稀土矿物。江西某地花岗闪长岩体经钠长石化后含褐钇铌矿族和易解石族等多种稀土矿物，钠长石化花岗岩体中含黄钇钽矿等稀土矿物，加里东晚期钾长石化花岗岩体含独居石等稀土矿物。

（2）青海省平安县上庄岩浆分异型铁、磷、稀土矿床（图4-5）。

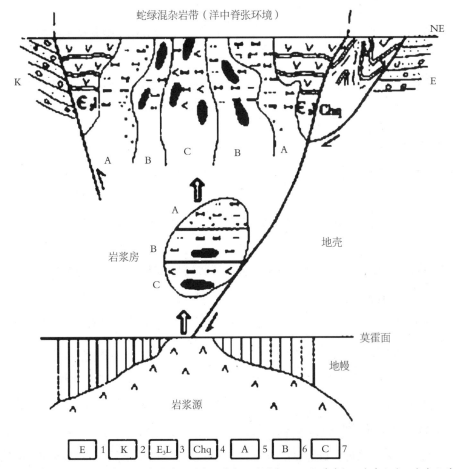

蛇绿混杂岩带（洋中脊张环境）

| E | 1 | K | 2 | E₃L | 3 | Chq | 4 | A | 5 | B | 6 | C | 7 |

1—古近系：砂砾岩、砂岩；2—白垩系：砾岩、砂岩、砂砾岩；3—六道沟组：变安山岩、变安山质凝灰岩、硅质岩、大理岩等；4—青石坡组：变凝灰岩、变长石石英砂岩、钙质板岩、大理岩等；5—第一次侵入岩：黑云母透辉石岩（含P、Fe矿化）；6—第二次侵入岩：黑云母次透辉石岩（含P、Fe矿体）；7—第三次侵入岩：角闪次透辉石岩（含P、TR、Fe矿体）

▲ 图4-5 青海省平安县上庄铁、磷、稀土矿床成矿模式图

（3）湖北、广西某地燕山期黑云母花岗岩体，含独居石、磷钇矿等稀土矿物。

（4）广西某地燕山期黑云母花岗岩体，含褐钇铌矿族等稀土矿物。

（5）广东某地燕山早期中粗粒黑云母花岗岩体，有钾长石化，含独居石、磷钇矿等稀土矿物。广东某地燕山期花岗岩体，含氟碳铈矿等稀土矿物，在氟碳铈矿中含钇较富。

（6）河南某地花岗岩体及其中的石英脉，含褐钇铌矿、磷硅钙钇矿等稀土矿物。

（7）内蒙古某地碱性花岗岩体，经钠长石化，含硅铍钇矿等许多稀土矿物。

2. 碱性岩型稀土矿床

正长岩、霞石正长岩、霓霞岩、磷霞岩等碱性岩中富含稀土，且稀土矿物种类繁多。碱性岩是产生稀土矿物和稀土矿化的良好场所，有许多很稀有的稀土矿物，只在碱性岩中产出。碱性岩中除蕴藏稀土矿外，尚有铀、钍、锆、铌、钾、磷等矿床孕育其中。

我国碱性岩型稀土矿床主要有：

（1）山东省郗山碱性岩浆期后中—低温热液稀土矿床。

（2）辽宁赛马碱性岩体，为霞石正长岩和霓霞正长岩，含绿层硅钛铈矿等多种硅酸盐稀土矿物和多种氧化物稀土矿物。

（3）山西某地碱性岩体，位于山西台背斜的吕梁隆起区，燕山期岩浆侵入于三叠纪砂岩中，绝对年龄为134.8 Ma。稀土部分呈稀土矿物，部分赋存于楣石和磷灰石中。

（4）四川多处碱性岩体中含稀土矿物。某地的石英正长斑岩岩体，含钇易解石、褐钇铌矿、铈钇矿、独居石等稀土

物。

3. 火成碳酸岩型稀土矿床

火成碳酸岩是指岩浆成因的、以碳酸盐类矿物为主的一种火成岩。常与超基性—基性岩紧密伴生，有时也与碱性岩伴生。火成碳酸岩型矿床中，矿产以铌、钽、稀土金属为主，通常规模巨大，矿石品位较富，有时整个碳酸岩体就是矿体。火成碳酸岩常呈岩筒、岩脉、环状脉、放射状脉及锥状脉等形式侵入于超基性—碱性杂岩体内，有时也具喷出岩特征，呈熔岩流及火山碎屑喷出物产出。

火成碳酸岩的矿物成分复杂而多样，已发现的矿物有150种左右，其中碳酸盐类矿物占80%—99%，主要是方解石、白云石、铁白云石、菱铁矿等。此外，有自然元素、碳化物、硫化物、氧化物、卤化物、硫酸盐、磷酸盐、硅酸盐等矿物。稀有金属矿物主要有烧绿石、铀钽铌矿、铌钇矿、铌铁矿、方钍石、锆石、斜锆石、独居石、氟碳铈矿。碳酸岩的化学成分亦较复杂，有丰富的钡、锶、钛、铌、稀土金属、磷、铀、钍和氟等。

火成碳酸岩型矿床分布相当广泛，主要有：

（1）湖北省竹山得胜镇庙垭铌稀土矿床、文峰乡杀熊洞稀土矿床（图

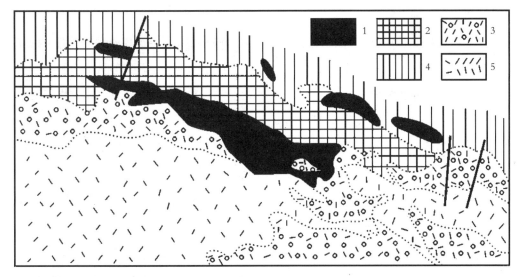

1—含铌-稀土碳酸岩；2—正长岩；3—石英角斑岩；4—片岩类岩石；5—古火山杂岩

▲ 图4-6　含铌、稀土碳酸盐矿床（湖北）

4-6）。

（2）新疆索洛莫沟。碳酸盐体是与碱性岩有关的浅成侵入碳酸岩体，含烧绿石等稀土矿物，还含大量锆石。

（3）四川某地有碱性岩火成碳酸岩体。

4. 伟晶岩型稀土矿床

伟晶岩型稀土矿床稀土储量不大，但矿床中往往含多种稀有矿物和稀有金属矿物，有利于进行综合开发利用。

我国的伟晶岩型稀土矿床主要有：

（1）内蒙古某地一带为稀土稀有金属的伟晶岩矿床，另一带为伟晶岩型稀土磷灰石矿床。

（2）四川三处伟晶岩型稀土矿床，

一为花岗伟晶岩型；一为碱性伟晶岩型，含氟碳铈矿、萤石、钠闪石、钠长石等矿物；另一处为辉长岩体中的钠长石化伟晶岩脉，含稀土等稀有金属矿物。

（3）云南某地伟晶岩型稀土矿床，

——地学知识窗——

伟晶岩

伟晶岩是指与一定的岩浆侵入体在成因上有密切联系、在矿物成分上相同或相似、由特别粗大的晶体组成并常具有一定内部构造特征的规则或不规则的脉状体。

为二云母钾长石稀土伟晶岩。

（4）山西某地太古代伟晶岩，含硅硼钇矿等稀土矿物。

5. 热液脉型稀土矿床

此类矿床往往能形成大的稀土富集，矿石中的稀土矿物种类较多，尤以碳酸岩类和氧化物类稀土矿物种类最丰富。这类矿床有：

（1）内蒙古白云鄂博下元古界白云鄂博群中的热液交代型的铁铌稀土大型矿床。

（2）山东微山县郗山地区前震旦系片麻岩中碱性岩的热液脉型稀土矿床，重晶石碳酸盐脉中多氟碳铈矿、氟碳钙铈矿、碳锶铈矿等稀土矿物。

（3）甘肃某地的铌稀土矿床，赋存于前震旦纪变质岩中（大理岩）的铌稀土碳酸盐脉，含多种铌和稀土矿物。

（4）青海某地铅锌矿中多稀土矿物脉。

二、沉积—风化型稀土矿床

由于水、空气和生物作用、风化作用及沉积作用，形成沉积岩型、砂矿型、花岗岩类风化壳型矿床。

1. 沉积岩型稀土矿床

沉积型稀土矿床赋存于沉积磷矿之中，目前已作为开采磷矿综合利用的目标。一般磷灰石矿物中含稀土可达千分之几。磷灰石结晶格架中，钙原子有两种位置，钙、氧原子间距离较大，有利于稀土较大离子的进入，故磷灰石中富集轻稀土较多。轻稀土与胶磷矿中的钙置换亦较易，这是沉积磷矿石中含稀土的主要原因。

该类型稀土产地主要有贵州、内蒙古等地，如：

（1）贵州某地沉积磷块岩，寒武纪沉积，不整合于震旦系之上，磷矿石中的稀土主要集中于胶磷矿中，褐铁矿中含稀土甚少。胶磷矿中含轻稀土较高，重稀土较低。

（2）内蒙古某地一带的磷矿中亦含稀土。

2. 砂矿型稀土矿床

稀土砂矿是砂矿利用的一部分，其中稀土矿物往往与钛、锆等砂矿矿物共存，故稀土砂矿亦可看作钛、锆等稀有金属的砂矿。在稀土砂矿中，抗风化的重砂矿物是独居石和磷钇矿；半耐风化的矿物有二褐帘石、褐钇铌矿、易解石、氟碳铈矿、钛铀矿、黑稀金矿、硅铍钇矿、铌钇矿、钛锆钍矿等。

该类型稀土产地主要有贵州、内蒙古等地，其他如海南岛某地海滨砂矿，含独居石、锆石、钛铁矿等矿物；广东某地独居石、磷钇矿砂矿；湖南某地独居石砂矿；广西某地磷钇矿砂矿；云南某地冲积砂矿。

3. 花岗岩类风化壳型矿床

该类型稀土矿床广泛分布于华南，以南岭地区前景最大，那里的花岗岩类岩石中普遍含稀土较多，风化后形成稀土矿床（图4-7）。数十万平方千米的范围内，随处可能有稀土的富集。大地构造单元的位置主要是在华南褶皱系中和东南沿海褶皱系中。火成岩的侵入时代主要为燕山期，其次属印支期，部分为海西期或加里东期。主要有江西足洞花岗岩风化壳富钇重稀土矿床；江西大吉山花岗岩风化壳稀土矿床；湖北某地燕山期花岗岩风化砂矿；广西某地花岗岩风化的褐钇铌矿砂矿；四川某地碱性岩的风化层。

▲ 图4-7 风化壳

三、变质型稀土矿床

1. 变质岩型稀土矿床

该类型矿床为变质作用下稀土的富集，其中分布广泛的矿物为独居石，在我国的太古代特别是元古代岩石发育的地区，都有这种稀土矿床的出现。产地甚多，其中较大规模者有：

（1）湖北某地太古界大别山群片麻岩中的稀土矿床，矿石中含硅铍钇矿、褐帘石、独居石、磷钇矿等稀土矿物。

（2）吉林某地的稀土锰铁构造的变质岩型稀土矿床，赋存于元古界中部辽河群中，下部为鞍山群，上部为震旦系。

（3）辽宁两处变质岩型稀土矿床，一处为稀土硼铁建造，一处为辽河群变质岩中的独居石矿床。

（4）云南某地的铌稀土矿床，赋存于下元古界昆阳群片岩片麻岩中，碳酸岩层多含稀土矿物。

（5）福建某地前震旦纪建欧群中，以石英云母片岩为主，其碳酸岩层中含稀土矿物。

（6）四川某地下元古界火地垭群碳酸岩层中含稀土矿物。

（7）河南某地变质铁矿中含稀土矿物。

（8）甘肃某地黑云母片岩中含独居

石等稀土矿物，还含大量铌矿物。

2.沉积变质碳酸岩型稀土矿床

该类稀土矿床规模一般不大，矿体附近有火成岩体的侵入，并有透辉石、石榴石、硅镁石等矿物生成。这类矿床有：

内蒙古白云鄂博矿区东部海西期花岗岩与元古代白云岩的接触带沉积变质碳酸岩型铌稀土矿床（图4-8）；辽宁某地的含烧绿石、金云母和稀土矿物的矽卡岩型稀土矿床。

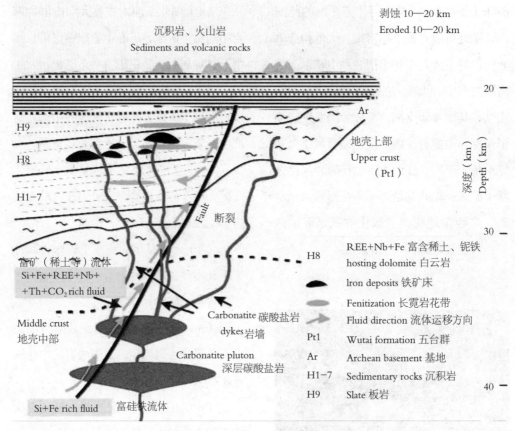

剥蚀 10—20 km
Eroded 10—20 km

沉积岩、火山岩
Sediments and volcanic rocks

Ar

地壳上部
Upper crust
（Pt1）

H9

H8

H1-7

Fault 断裂

富矿（稀土等）流体
Si+Fe+REE+Nb+
+Th+CO$_2$ rich fluid

H8

Middle crust
地壳中部

Carbonatite 碳酸盐岩
dykes 岩墙

Carbonatite pluton
深层碳酸盐岩

Si+Fe rich fluid 富硅铁流体

REE+Nb+Fe 富含稀土、铌铁
hosting dolomite 白云岩

Iron deposits 铁矿床

Fenitization 长霓岩花带

Fluid direction 流体运移方向

Pt1　Wutai formation 五台群

Ar　Archean basement 基地

H1-7　Sedimentary rocks 沉积岩

H9　Slate 板岩

深度（km）
Depth（km）

20 —

30 —

40 —

▲ 图4-8　白云鄂博稀土矿成矿模式图

Part 5 中国稀土冠全球

中国稀土资源量和产量均位居世界第一。中国的稀土矿床在地域分布上分布面广而又相对集中，具有"北轻南重"的分布特点。目前，我国通过出台相关的法律法规、调整优化稀土产业结构等措施规范稀土资源的开采开发利用，减少稀土资源的浪费和对环境的破坏。

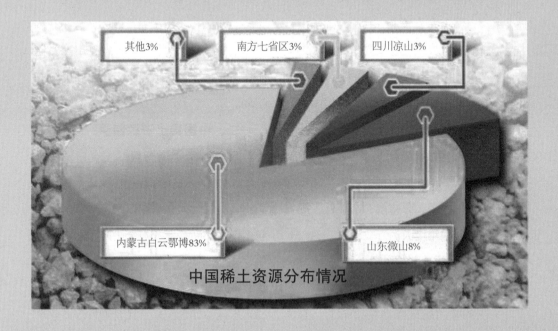

其他3%　南方七省区3%　四川凉山3%

内蒙古白云鄂博83%　山东微山8%

中国稀土资源分布情况

中国稀土资源概况

我国的稀土资源呈现出以下四个特点：

一是资源赋存分布"北轻南重"。我国轻稀土矿主要分布在内蒙古包头等北方地区和四川凉山，离子型中重稀土矿主要分布在江西赣州、福建龙岩等南方地区。

二是资源类型较多。我国稀土矿物种类丰富，稀土元素较全。其中，离子型中重稀土矿在世界上占有重要地位。

三是轻稀土矿伴生的放射性元素对环境影响大，在开采和冶炼分离过程中需重视对人类健康和生态环境的影响。

四是离子型中重稀土矿赋存条件差。由于离子型稀土矿中稀土元素呈离子态吸附于土壤之中，分布散、丰度低，规模化工业性开采难度大。

一、中国稀土资源分布

中国是世界上稀土资源最丰富的国家，中国的稀土矿床在地域分布上具有面广而又相对集中的特点。截至目前，地质工作者已在全国2/3以上的省级行政区域内发现上千处矿床、矿点和矿化产地，除内蒙古的白云鄂博、江西赣南、广东粤北、四川凉山为稀土资源集中分布区外，山东、湖南、广西、云南、贵州、福建、浙江、湖北、河南、山西、辽宁、陕西、新疆等省区亦有稀土矿床发现，但资源量要比矿床集中富集区少得多。全国稀土资源总量的97%分布在内蒙古、山东、江西、广东、四川等省区（图5-1），形成北、南、东、西的分布格局。

二、中国稀土资源储量

自1927年丁道衡教授发现白云鄂博铁矿、1934年何作霖教授发现白云鄂博铁矿中含有稀土元素矿物以来，中国地质科学工作者不断探索和总结中国地质构造演化、发展的特点，运用和创立新的成矿理论，在全国范围内发现并探明了一批重要稀土矿床。20世纪50年代初期发现并探明超大型白云鄂博铁铌稀土矿床，20世纪60

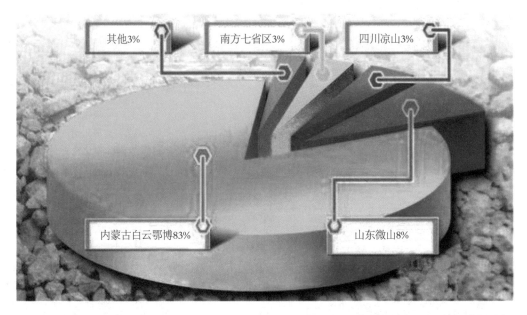

其他3%　南方七省区3%　四川凉山3%

内蒙古白云鄂博83%　山东微山8%

▲ 图5-1　中国稀土资源分布图

年代中期发现江西、广东等地的风化淋积型（离子吸附型）稀土矿床，20世纪70年代初期发现山东微山中型稀土矿床，20世纪80年代中期发现四川凉山"牦牛坪式"大型稀土矿床等。这些发现和地质勘探成果为中国稀土工业的发展提供了最可靠的资源保证，同时，还总结出中国稀土资源具有成矿条件好、分布面广、矿床成因类型多、资源潜力大、有价元素含量高、综合利用价值大等特点。

据有关地质勘探和矿山生产部门提供的数据，截至2000年年底，全国已探明稀土资源量（REO）超过10 000万t，预测资源远景量大于21 000万t，显示出我国稀土资源的巨大潜力。国土资源矿产部门进行了专门的核查，2013年公布的数据表明，当年稀土资源量（REO）是5 500万t，按此计算，约占全世界资源量的40%（图5-2）。

三、中国稀土资源开发利用

中国已形成内蒙古包头、四川凉山轻稀土和以江西赣州为代表的南方五省中重稀土三大生产基地，具有完整的采选、冶炼、分离技术以及装备制造、材料加工和应用工业体系，可以生产400多个品种、1 000多个规格的稀土产品。2011年，中国稀土冶炼产品产量为9.69万t，占世界总产量的90%以上。

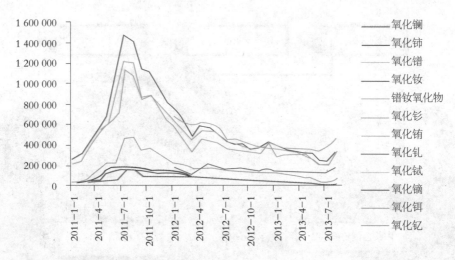

图例:
氧化镧
氧化铈
氧化镨
氧化钕
镨钕氧化物
氧化钐
氧化铕
氧化钆
氧化铽
氧化镝
氧化铒
氧化钇

△ 图5-2　中国各类稀土氧化物储量变化图

——地学知识窗——

"稀土王国"——赣州市

中国稀土行业协会第一届常务理事会第二次会议上,《关于授予赣州市为"稀土王国"的提案》获得顺利通过,标志着赣州市被正式授予"稀土王国"称号。

赣州是离子型稀土的发现地和命名地,拥有丰富的离子型中重稀土资源,全市18个县(市、区)都有稀土资源分布,面积超过6 000 km²,累计查明离子型稀土资源储量92万t,保有离子型稀土资源储量45.69万t,在国内外同类型矿种中位居第一。

赣州的离子型稀土是迄今为止国内外独具特色的优良稀土资源,包含全部15种稀土元素,富含的铽、镝、铕、钇等元素是发展尖端科技的重要元素。

2011年我国稀土矿产品生产计划为9.38万t（表5-1）,实际合法生产稀土矿产品8.49万t。

表5-1　　　　　　　　　2011年全国稀土矿开采总量控制指标

序号	省（自治区）	稀土氧化物（REO，t）	
		轻稀土	中重稀土
1	内蒙古	50 000	
2	福建		2 000
3	江西		9 000
4	山东	1 500	
5	湖南	2 000	
6	广东		2 200
7	广西	2 500	
8	四川	24 400	
9	云南		200
小计		80 400	13 400
总计		93 800	

2011年稀土冶炼分离产品指令性计划为9.04万t，实际生产稀土冶炼分离产品9.68万t（表5-2），超出指令性计划0.64万t，但与往年相比超计划生产量大幅度减少。

表5-2　　　　　　　　　2011年稀土冶炼分离产品产量（单位：t）

品种	产量	品种	产量
氧化稀土	2 452	氧化钇	5 258
碳酸稀土	3 524	氧化镧	13 188
稀土合金	1 088	氧化铈	19 577
混合稀土金属	4 144	氧化镨	1 354
镝铁合金	1 055	氧化钕	7 745
其他初级产品	2 456	氧化镨钕	5 941

（续表）

品种	产量	品种	产量
氧化钐	821	金属钕	4 913
氧化铕	612	金属镨钕	8 630
氧化钆	1 077	金属钐	258
氧化铽	190	金属镝	50
氧化镝	742	金属铽	83
氧化铒	685	其他金属	3 759
其他氧化物	4 139	合计	96 785
金属镧	3 044		

四、我国稀土产品的出口现状

2011年的稀土出口配额为30 184 t，但实际出口仅使用了18 600 t（折合约17 279 t稀土氧化物），占配额总量的61.6%，可以说配额制度的存在并没有影响国外用户从中国获得稀土产品。海关统计出口量（折合为稀土氧化物）占2011年全年产量96 800 t的17.85%。图5-3显示了稀土出口国家和地区比例，其中日本占56%，美国占14%，法国占10%。

海关统计出口量的下降，除了稀土价格上涨抑制稀土需求、境外用户有足够的储备、美国开始生产占有部分国际市场外，走私也是一个非常重要的原因。2011年海外稀土进口统计是中国海关出口统计的1.2倍，也就是说走私量是正常出口数量的120%，走私十分猖獗。此外，境外部分用户从中国采购稀土永磁体等稀土新材料有所增加，也是导致中国稀土原材料出口下降、稀土消费比例上升的原因之一。

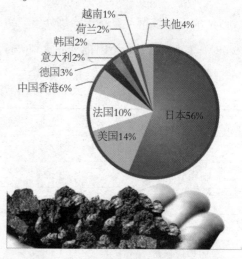

▲ 图5-3　2011年我国稀土出口分布比例

中国著名的稀土矿床

一、白云鄂博铁铌稀土矿

世界著名的超大型白云鄂博铁铌稀土矿位于内蒙古包头市以北150 km处。矿床赋存于中元古界白云鄂博群白云岩带中。整个矿化带东西长16 km，南北宽1—2 km（据2011年西矿资源储量核实报告），自西向东分布有5个铁矿（段）体，即西矿、主矿、东矿、东介勒格勒及

东部接触带。其中，主矿、东矿铁、铌、稀土矿化程度最高，也是目前开采的主要矿段（图5-4）。主、东、西矿外围（包括主、东、西矿上下盘）亦是一个巨型的稀土、铌为主的多元素富集区（高海洲，2009）。白云鄂博矿区北侧的宽沟背斜和矿区内的白云向斜构成了矿区主要的构造格架。矿区主要出露地层为白云鄂博

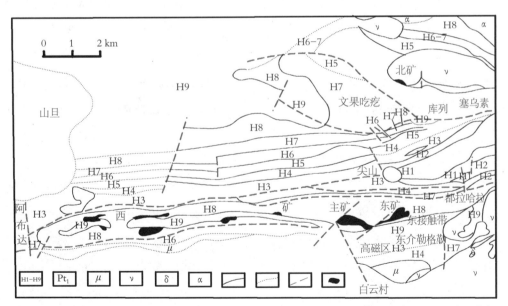

1—白云鄂博群1—9段；2—二道洼群；3—混合岩；4—花岗岩；5—辉长岩；6—安山岩；7—地层界线；8—推测地层界线；9—断层；10—矿体

图5-4　白云鄂博稀土矿矿区地质简图

59

群，宽沟背斜轴部出露元古宇变质岩。白云鄂博群是厚度大、岩相变化大的一套岩系，主要由石英岩、板岩、碳酸盐岩组成，不整合于元古宇变质岩之上。

1. 主矿、东矿、东介勒格勒一带稀土、稀有矿产地质特征

主、东矿体南北两侧分布的大面积白云岩铌、稀土矿化，北部的白云岩东起自都拉哈拉，经主、东矿下盘（主、东矿北部）至西矿相连。

主、东矿铁矿体中稀土氧化物含量在1%—20%范围，平均5.6%；矿石中稀土矿物主要为独居石和氟碳铈矿，两种矿物的比例为7∶3—6∶4之间，稀土矿物呈星点状、串珠状、条带状、脉状嵌布，粒度细小，一般在0.01—0.07 mm之间，而且小于0.04 mm的占75%。

东介勒格勒稀土矿呈层状、似层状沿走向延长2 500 m，钻孔控制沿倾斜方向最大延深为615 m，稀土氧化物含量平均为3.01%。

铁矿体围岩中白云岩稀土矿化不均匀，主、东矿下盘最高，平均为3.50%左右；东介勒格勒次之，为2.50%左右。

2. 西矿稀土、稀有矿产地质特征

主矿以西到阿布达断层，东西长约10 km、南北宽约1 km的矿化地段属西矿范围，是都拉哈拉—主东矿段铁铌稀土矿化的西延。矿体呈似层状、透镜状，最大延深855 m，主要赋存于中元古界白云鄂博群哈拉霍疙特岩组中，矿体与围岩（主要为白云岩）界线不清。

稀土氧化物含量与铁矿品位呈负相关关系，铁矿体内稀土氧化物分布比较均匀，但含量较低，一般品位为0.8%—1.24%，全区铁矿体伴生稀土氧化物平均品位为1.072%；铁矿体围岩中稀土氧化物含量较高，平均品位为2.99%，从配分情况来看（表5-3），La、Ce、Pr、Nd总计平均占97.21%，为典型的轻稀土配分。

稀土元素约90%成独立矿物，少量呈分散状态存在。独立矿物以独居石为主，粒度一般为0.01—0.05 mm；其次为氟碳铈矿，粒度一般为0.01—0.1 mm。全区铁矿中伴生Nb_2O_5平均品位为0.079%，全区围岩（边界品位≥0.1%，单工程平均品位≥0.2%）中Nb_2O_5平均品位为0.268%。区内稀土氧化物含量与铌品位呈正相关关系。

表5-3　　　　　　　　白云岩稀土矿化各元素配分情况（ωB）%

采样地点	ΣTR$_2$O$_3$	La	Ce	Pr	Nd	Sm	Eu	Cd	Tb	Dy	Ey	Yb	Lu	Y
东部接触带（北）	5.49	25.9	52.2	5.50	13.6	0.80		0.60	0.20	0.50		0.40	0.10	0.20
东部接触带（南）	3.63	28.8	49.7	4.74	13.9	1.56	0.20	0.59		0.10	0.06			0.35
西矿地表	1.80	26.0	50.5	5.00	15.1	1.50	0.31	0.83		0.25				0.48
西矿深部	3.42	20.0	52.4	6.52	18.9	1.25	0.81	0.38			0.06			0.28

数据来源于2011年西矿核实报告。

3. 矿区东部接触带稀土矿化特征

东部接触带系指东矿、东介勒格勒以东，长约3.4 km，西宽东窄，最宽处约1.5 km，呈东西方向走向、向斜南北两翼分布的特点。

北翼部分：主要指菠萝头山及其东侧。菠萝头山以白云石型铌、稀土矿石为主，在局部地点有少量白云石型铌稀土铁矿石产出，其东侧分布有透辉石型铌矿石和白云石型铌稀土矿石。该矿段长约3.4 km，宽100—300 m。

南翼部分：多在与花岗岩接触的部分有铌钽稀土和铁矿化，主要为白云石型铌稀土矿石，同时，南翼广泛分布黑云母化板岩和被萤石、钠长石细脉穿插的碳质板岩。

东部接触带矿段铌、钽主要是以独立矿物的形式产出，还有白云鄂博矿区放射性元素最高的矿物方钍石，ThO$_2$含量为70%—80%，其主要分布于向斜南翼，在H9地层中较大的蚀变白云岩透镜体中。此外，在菠萝头山东侧的金云母透辉石矽卡岩中也有产出。

1959年底，包头钢铁集团试炼出第一炉稀土硅铝合金，这是白云鄂博稀土矿开采利用的开始，也是中国稀土工业发展的开端。目前，包钢稀土产业已具备年产稀土精矿20万t、稀土产品折合氧化物6万t以上的生产能力，拥有61个品种124个规格；已形成包括稀土选矿、冶炼分离、加工及应用等构成的从生产、研发到推广应用比较完成的稀土工业体系。是全国最大的稀土生产、科研基地和重要的稀土信息中心，也是中国乃至世界最大的稀土产业基地。

截至2009年，白云鄂博稀土矿主东矿已开采3.12亿t，尚余2.88亿t，按照2009年年开采1 200万t的速度开采，24年将采完（图5-5）。因此，专家建议逐年减少主东矿的开采量，增加西矿的开采。

二、山东微山湖稀土矿

山东微山稀土矿位于山东省微山县城东南20 km处的韩庄镇郗山村，是在找铀矿时发现的，于1971年建矿（图5-6），拥有我国唯一类似美国芒廷帕斯矿的稀土矿床，为我国三大轻稀土的典型代表。

矿区地层主要为第四系残坡积物，发育有四组断裂：北西向和北东向断裂属

压扭性；南北向断裂属张性；东西向断裂属压性。岩浆岩主要可见中生代霓辉石英正长岩、正长斑岩及闪长玢岩、碱性花岗岩等，为壳幔源混合型基性岩浆，为区内稀土矿重要成矿母岩。

矿区矿脉展布严格受构造控制。由于矿区构造多次活动且发育，成矿也是多次，所以成矿前和成矿时的裂隙皆充矿。矿脉的展布和构造的分布是一致的。矿脉总体走向主要有：北西、北北西；北东、北东东向；近南北向和近东西向等。就矿体形态而言，可分为脉型及细脉-网脉带型两种。前者脉幅大，长度达30—540 m，宽度10—9.19 m；后者脉幅小，长度宽度都不大，单独细脉工业意义不大，但由密集细脉组成的细脉带具工业意义。

矿体多围绕郗山剥蚀残丘展布，分布在碱性岩体顶、底板附近。各矿脉的规模、产状、组分、品位等方面不尽相同，

图5-5　白云鄂博稀土矿山

图5-6　郗山稀土矿斜井井口

并且严格受各期构造控制。发现矿体有24个,其中重点圈定7个稀土矿体。矿体走向主要为北西方向,倾向210°—245°,倾角60°—70°,向微山湖倾斜,钻孔控制深度500 m,最大延深达600 m矿体仍未尖灭。主要矿体长172—258 m,延深一般大于300 m,最深大于500 m,厚度一般在0.2—5 m,品位（TR_2O_3）一般在5%左右。

矿石呈半自形—他形粒状结构、自形粒状结构及交代残余结构,块状构造、条带状构造、浸染状构造。矿石类型按物质组分差异分为四种类型:含稀土石英重晶石碳酸盐脉、含稀土放射状霓辉花斑岩脉、含稀土霓辉石脉、铈磷灰石脉,其中以含稀土石英重晶石碳酸岩脉数量最多,分布广泛。

矿石中主要稀土元素有铈、镧、钕、镨、钐、铕、铒、钆、镥、钇等,其他元素有钍、铀、钼、铅等。钕和镨彼此伴随成正比关系,镧的变化与钕、镨成反比关系。钇组稀土元素比较少见,钇的含量与稀土总量之间呈负相关,即稀土总量越高,钇的氧化物含量反而相对地降低。

山东微山稀土矿已探明稀土资源量为1 275万t,稀土氧化物（REO）工业储量400万t,占全国的7.7%,REO可采储量255万t。微山稀土地质储量大,有害物质少,可选性好,易开采,钛、磷、铁等杂质成分低,精矿产品易于深加工和单一元素分离,尤其适宜冶炼低钛稀土硅铁合金和稀土分离,这是国内外其他稀土矿无法比拟的,深受国内外用户和有关专家的青睐和重视。

山东微山湖稀土有限公司拥有山东唯一的一张稀土矿采矿许可证。2014年中国钢研、崔庄煤矿、甘肃稀土、微山华能以及中铝山东和盛和资源通过对山东微山湖稀土有限公司增资重组,成立了一家集稀土开采、加工于一体的全产业链企业——微山县钢研稀土科技有限公司。

据《中国化工报》报道,微山稀土开发建设拟分三期。一期实现年处理稀土精矿（REO 50%）1万t,年产碳酸稀土7 051 t,年产副产品草酸钍28 t、硫酸铵化肥4 629 t、氟化氢氨1 042 t。二期在稀土矿区建设新矿井,扩大稀土矿采选能力,达到年产原矿30万t的生产能力。三期在微山经济技术开发区稀土产业区内建设形成年2.5万t稀土分离能力,并逐步建设年产1 000 t稀土合金生产线项目及年产1 000 t稀土磁性材料生产线项目。

三、四川省冕宁县牦牛坪稀土矿、德昌县大陆槽稀土矿

四川稀土矿是20世纪80年代末我国发现的第二大稀土矿富集区,以轻稀土为主,集中分布在四川省凉山州冕宁县、德昌县大陆槽一带,是一条北起冕宁牦牛坪,向南经麦地、里庄直至德昌大陆槽的稀土成矿带。该成矿带上已发现稀土矿床(点)十余个,其中牦牛坪和大陆槽为大型矿床,其余为小型矿床和矿点。矿带埋藏浅,基本裸露于地表,易开采,剥采比小,开采成本较低。

1. 牦牛坪稀土矿

牦牛坪稀土矿区位于冕宁县城北西(图5-7),平距22 km。含矿带呈NNE向展布,长2 650 m,宽300—660 m,其中的矿体由平行脉带、树枝状、不规则网脉及脉间脉旁矿化围岩组成,已圈定矿体90个,其中估算了资源储量的有36个(主要矿体为1、2、16、17、18等五个矿体),多呈带状、脉状、透镜状沿矿化带斜列紧密排布。估算资源储量的矿体长70—1 340 m,厚2.51—45.92m。矿体倾向NWW,倾角70°—80°,倾斜延深10—450 m。矿石自然类型有霓辉石型、方解石碳酸岩型、碱性伟晶岩型三大类。矿石中75%—96%的稀土元素呈独立

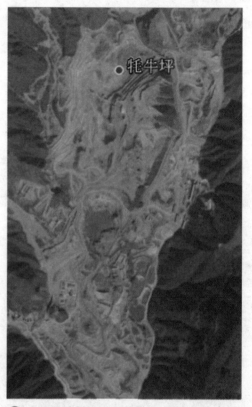

图5-7 牦牛坪稀土矿开采现状(卫星截图)

矿物产出,以氟碳铈矿为主要工业矿物,占稀土总量的76%—92%,另有10.88%的稀土氧化物呈胶态相赋存于铁锰质非晶质体中。稀土配分中La、Ce、Pr、Nd占98%,为典型的轻稀土配分。据地质部门提交的地质报告,该矿区共探获稀土资源量214.6万t(REO),稀土平均品位为3.70%。牦牛坪稀土矿床不仅含有丰富的稀土元素,而且还含有可综合利用的伴生元素钡(Ba)、铅(Pb)、铋(Bi)、钼(Mo)、银(Ag)等,其他有用非金属

矿物主要有重晶石、萤石。

2. 大陆槽稀土矿

大陆槽稀土矿位于德昌县城南32 km（图5-8）。由大小不等的碳酸盐化霓辉石萤石重晶石稀土脉、萤石钡天青石稀土脉、萤石重晶石稀土脉及脉间的正长岩、石英闪长岩共同组成含矿带。宽450—520 m，NW—SE走向长1 500 m。共圈出矿体16个，在含矿带内斜列分布，其中1、3两矿体为区内主要矿体，由碳酸盐化萤石重晶石稀土矿脉组成。1号矿体NW走向，倾向NE，倾角70°左右，矿体控制长300 m，控制斜深200 m，呈不

规则透镜状，形态较复杂。3号矿体走向近SN，倾向SWW，倾角65°—70°，主要由碳酸盐化萤石重晶石稀土矿脉组成，出露宽26—100 m，走向延伸大于200 m，已控制斜深80 m，矿体呈不规则透镜状，形态较为复杂。各矿体内除脉型组合外，尚有网脉浸染，属正长岩和石英闪长岩类型。矿石矿物以氟碳铈矿为主，占稀土元素的95.14%。伴生有益组分铅（Pb）、硫酸锶（$SrSO_4$）、硫酸钡（$BaSO_4$）、氟化钙（萤石）（CaF_2）等。矿石品位（REO）一般为1%—5%，最高17.68%。1、3号两个矿体$SrSO_4$品位分别为34.25%

图5-8 大陆槽稀土矿开采现状（卫星图）

和37.39%，全矿区平均为35.83%，已达到独立锶矿床工业品位不低于25%的指标要求。据德昌县大陆槽稀土矿采矿权评估报告，截至2010年12月底，该矿山保有资源储量139.62万t，金属氧化物（REO）74 608.20 t，平均品位5.34%。

四、赣州稀土有限公司足洞稀土矿

1. 赣州稀土资源地质特征简况

赣州离子型稀土主要集中在赣南地区的寻乌、龙南、信丰、安远、定南、全南、宁都、赣县等地，以离子型中、重稀土为特色，由花岗岩或火山岩裸露地面经长期强烈风化而形成。矿床一般呈面形分布，以凸透镜状覆盖在未风化的花岗岩或火山岩岩体上，根据矿床风化程度可分为表土层、全风化层、半风化层和基岩，离子型稀土矿赋存于全风化层中上部，矿体厚度一般在8—10 m之间，有的也可达到5—30 m，呈黄色、浅红色或白色松散的砂土混合物状，矿体稀土氧化物含量（REO）一般在0.05%—0.3%之间。

离子型稀土矿床的主要矿物有石英、钾长石、斜长石、高岭土和白云母等。矿物组成与构造简单，含重砂较少，其中黏土类矿物含量可达到40%—70%，主要包括埃洛石、伊利石、高岭石等。

75%—95%的稀土元素以离子形态吸附富集于粒度小的黏土类矿物上，如高岭土等，而其余约10%的稀土元素则以矿物相、类质同相、微固体分散相等形式存在于其他矿物中。

2. 足洞矿区稀土矿

2008年1月，江西省国土资源厅批复了赣州稀土矿业有限公司足洞稀土矿划定矿区范围。划定矿区范围前，该矿区范围内原有15处稀土矿采矿许可证。

本区处于三南（龙南、定南、全南）东西构造带北侧中段，区内大面积出露与稀土矿化有关的中粒白云母花岗岩（占83.3%）和少量中粒黑云母花岗岩（占15%），均属于酸性富碱质铝过饱和的岩石系列。矿区花岗岩稀土元素含量较高，黑云母花岗岩一般含TR_2O_3 0.034%，白云母花岗岩含TR_2O_3 0.036%—0.041%，稀土元素在花岗岩中主要呈独立矿物存在，占稀土总量的65%—70%，形成广泛的稀土原生矿化，为花岗岩风化壳离子吸附型稀土矿的成矿物质来源。足洞矿区为单一的富钇型的重稀土矿床（图5-9），稀土元素主要呈离子吸附状态赋存于花岗岩全风化层中上部，单矿体垂向剖面上形态较为简单，总体呈似层状波浪起伏，矿体厚度一般3—9 m，最厚近

图5-9　足洞稀土矿矿区景观图

30 m，平均厚度为6.63 m。区内各矿体稀土浸出品位（TRE_2O_3）平均在0.064%—0.121%之间。

　　矿区采矿权人为赣州稀土矿业有限公司，该公司是赣州市国有企业、南方稀土行业龙头企业，是当前赣州稀土的唯一采矿权人，对赣州市稀土矿山开采实施统一规划、统一开采、统一经营、统一管理。2013年度拥有稀土氧化物（REO）开采配额9 000 t，掌握全国50%以上的离子型稀土氧化物开采配额和供应量，位居南方地区第一位，市场影响力大，稀土产品报价在离子型稀土市场已形成主导力量。主营产品包括稀土氧化物产品、稀土合金、钕铁硼薄片等，构建了稀土开采、加工、应用产业链，形成了推动产业发展的综合科研、检测、交易平台。

　　2010年赣州稀土矿业有限公司对该矿床进行了采矿权评估，根据评估报告，足洞稀土矿床现有矿石资源量为3 799.60万t，TRE_2O_3资源量为41 338 t。

——地学知识窗——

品位、工业品位

　　品位是指矿石中有用元素或其化合物的含量。含量越大，品位越高。据此可以确定矿石为富矿还是贫矿。

　　工业品位又叫最低工业品位，它是单个工程中有工业意义的有用组分平均含量的最低要求。它也是最低可采品位，是在当前技术经济条件下开发这类矿产，在技术上可行、经济上合理的品位。

中国稀土忧思录

一、中国稀土开发现状

稀土是不可再生的重要矿产资源，在经济社会发展中的用途日益广泛。中国是稀土资源较为丰富的国家之一。20世纪50年代以来，中国稀土行业取得了很大进步。经过多年努力，中国成为世界上最大的稀土生产国、应用国和出口国。

1. 形成完整的工业体系

中国已形成内蒙古包头、四川凉山和以江西赣州为代表的南方五省中重稀土三大生产基地，具有完整的采选、冶炼、分离技术以及装备制造、材料加工和应用工业体系，可以生产400多个品种、1 000多个规格的稀土产品。

2. 市场环境逐步完善

中国不断推进稀土行业改革，推动形成投资主体多元、企业自主决策、价格供求决定的稀土市场体系。近年来，中国稀土行业投资快速增长，市场规模不断扩大，国有、民营、外资等多种经济成分并存，稀土市场规模目前已接近千亿元人民

币。市场秩序逐步改善，企业间的兼并重组逐步推进，稀土行业"小、散、乱"的局面得到了明显改观。

3. 科技水平进一步提高

经过多年发展，中国已建立起较为完整的研发体系，在稀土采选、冶炼、分离等领域开发了多项具有国际先进水平的技术，独有的采选工艺和先进的分离技术为稀土资源的开发利用奠定了坚实基础。稀土新材料产业得到稳步发展，实现了稀土永磁材料、发光材料、储氢材料、催化材料等新材料的产业化，为改造提升传统产业和发展战略性新兴产业提供了支持。

二、稀土开发利用之忧

中国的稀土行业在快速发展的同时也存在不少亟待解决的问题，中国也为此付出了巨大代价。

1. 资源过度开发

经过半个多世纪的超强度开采，中国稀土资源保有储量及保障年限不断下降，主要矿区资源加速衰减，原有矿山资

源大多枯竭，包头稀土矿主要矿区资源仅剩三分之一。南方离子型稀土大多位于偏远山区，山高林密，矿区分散，矿点众多，监管成本高、难度大，非法开采使资源遭到了严重破坏（图5-10）。采富弃贫、采易弃难现象严重，资源回收率较低，南方离子型稀土资源开采回收率不到50%，包头稀土矿采选利用率仅10%（图5-11）。

🔺 图5-10 稀土私彩滥挖漫画

🔺 图5-11 稀土矿区开采现状

2. 生态环境破坏严重

稀土开采、选冶、分离存在的落后生产工艺和技术，严重破坏地表植被，造成水土流失和土壤污染、酸化，使得农作物减产甚至绝收（图5-12）。离子型中重稀土矿过去采用落后的堆浸、池浸工艺，每生产1t稀土氧化物产生约2 000 t尾砂，目前虽已采用较为先进的原地浸矿工艺，但仍不可避免地产生大量的氨、氮、重金属等污染物，破坏植被，严重污染地表水、地下水和农田（图5-13）。轻稀土矿多为多金属共伴生矿，在冶炼、分离过程中会产生大量有毒有害气体、高浓度氨氮废水、放射性废渣等污染物。一些地方因为稀土的过度开采，还造成山体滑坡、河道堵塞、突发性环境污染事件，甚至造成重大事故灾难，给公众的生命健康和生态环境带来重大损失。而生态环境的恢复与治理，也成为一些稀土产区的沉重负担。

🔺 图5-12 稀土开采与环境破坏漫画

▲ 图5-13　稀土开采生产场景

3.产业结构不合理

稀土材料及器件研发滞后，在稀土新材料开发和终端应用技术方面与国际先进水平差距明显，拥有知识产权和新型稀土材料及器件生产加工技术较少，低端产品过剩，高端产品匮乏。稀土作为一个小行业，产业集中度低，企业众多，缺少具有核心竞争力的大型企业，行业自律性差，存在一定程度的恶性竞争。

4.价格严重背离价值

一段时期以来，稀土价格没有真实反映其价值，长期低迷，稀土资源的真正价值没有得到合理体现，生态环境损失没有得到合理补偿（图5-14）。2010年下半年以来，虽然稀土产品价格逐步回归，但涨幅远低于黄金、铜、铁矿石等原材料产品。同时，受国内国际需求等多种因素影响，还存在着稀土产品的出口走私现象。

▲ 图5-14　期待稀土价值回归

三、稀土开发利用之思

稀土作为一种不可再生的自然资源，必须采取措施有效保护、合理利用。多年来，中国努力对稀土实施保护性开采，促进资源的可持续利用。

1.对稀土实施保护性开采，建立稀土战略储备制度

《矿产资源法》明确规定，对国家规划矿区、对国民经济具有重要价值的矿区和国家实行保护性开采的特定矿种，实行有计划的开采。1991年，中国决定将离子型稀土矿产列为国家实行保护性开采的矿种，从开采、选冶、加工到市场销售、

—地学知识窗—

稀土国家规划矿区

国家规划矿区是国家根据建设规划和矿产资源规划，为建设大、中型矿山划定的矿产资源分布区域。国土资源部在我国离子型稀土资源分布集中的江西省赣州市划定设立稀土国家规划矿区。目前，中国的稀土国家规划矿区为11个：

龙南重稀土规划矿区、龙南重稀土规划矿区、寻乌轻稀土规划矿区、定南中稀土规划矿区、赣县（北）中稀土规划矿区、赣县（中）重稀土规划矿区、赣县（南）中稀土规划矿区、安远中重稀土规划矿区、信丰（北）中稀土规划矿区、信丰（南）中重稀土规划矿区、全南中稀土规划矿区。

出口等各个环节实行有计划的统一管理。国家还建立稀土战略储备制度，实施稀土资源地储备和产品储备，划定首批11个稀土国家规划矿区，严格控制开采、生产总量，降低资源开发强度，延缓资源衰竭，促进可持续发展。

2. 高度重视稀土资源的综合利用

国家加强了离子型稀土矿山地质研究，积极推进绿色矿山和综合利用示范基地建设，开发绿色高效开采技术，大幅度提高稀土开采率，支持开发新型浮选药剂和选矿设备，提高稀土选矿回收率，开展贫矿和尾矿稀土回收工作（图5-15）。国家促进稀土元素的平衡利用，鼓励镧、铈等相对丰富轻稀土元素的应用研究，加快开发铕、铽、镝等稀缺重稀土元素的减量与替代技术。推进复杂难处理稀有稀土金属共生矿在选矿和冶炼过程中的综合回收利用，支持稀土矿中铌、钽、钍、锶、钾、萤石等伴生矿产综合利用率。同时，大力支持发展循环经济，积极开展稀土二次资源回收再利用。

图5-15 重视稀土资源的高效利用

图5-16　稀土令武器性能飞跃

3. 更加注重稀土开发利用与生态环境的协调发展

出于保护环境的需要，中国不断加强和完善对高能耗、高污染、资源性产品和相关行业的管理。在稀土领域，国家更是采取一系列有力措施，促进稀土开发利用与生态环境的协调发展，绝不以牺牲环境为代价换取稀土行业的发展（图5-17）。严格执行环境保护的法律法规，是稀土开发利用中保护好环境的关键。近年来，国家严格执行环境影响评价制度，新建、扩建、改建稀土项目必须对可能造成的环境影响作出分析、预测和评估，并提出预防和减轻环境影响的对策和措施，未通过环评不得实施。严格执行"三同时"制度，稀土建设项目环保设施必须与主体工程同时设计、同时施工，并经环保部门验收后同时投入使用。更加严格地执行稀土矿山地质环境恢复治理保证金制度，督促稀土开采企业严格落实生态

环境保护与恢复的经济责任，逐步建立矿山环境治理和生态恢复责任机制。

图5-17　稀土开发利用与生态环境协调发展

4. 提高稀土的科学开发和应用技术水平

国家鼓励稀土行业的技术创新。在《国家中长期科学和技术发展规划纲要（2006—2020年）》中，稀土技术被列为重点支持方向。国家支持稀土基础研究、前沿技术研究、产业关键技术研发与推广应用，推动建立以企业为主体、市场为导向、产学研相结合的技术创新体系。积极开发环境友好、先进适用的稀土开采技术，复杂地质条件高效采矿技术，共伴生

资源综合回收技术，提高资源采收率和循环利用水平。大力组织研发低碳低盐排放、超高纯产品制备、膜分离、伴生钍资源回收和利用、尾气氟硫回收处理、化工原料循环利用、生产自动控制等先进技术，实现稀土高效清洁冶炼分离。引导稀土生产应用企业、科研院所和高等院校，大力开发稀土深加工和新材料应用技术。大力培养稀土科技人才，加强知识产权保护和技术标准建设，为稀土技术发展创造良好条件。

5. 调整优化稀土行业产业结构

中国政府严格控制稀土冶炼分离总量，除国家批准的兼并重组、优化布局项目外，停止核准新建稀土冶炼分离项目，禁止现有稀土冶炼分离项目扩大生产规模。坚决制止违规项目建设，对越权审批、违规建设的，依法追究相关单位和负责人责任。调整稀土加工产品结构，控制稀土在低端领域的过度消费，压缩档次低、稀土消耗量大的加工产品产量，顺应国际稀土科技和产业发展趋势，鼓励发展高技术含量、高附加值的稀土应用产业。加快发展高性能稀土磁性材料、发光材料、储氢材料、催化材料等稀土新材料和器件，推动稀土材料在信息、新能源、节能、环保、医疗等领域的应用。鼓励企业加强管理创新，建立现代企业制度，加快产业升级，培育形成资源节约、环境友好、集约发展、积极履行社会责任的现代化企业。

稀土行业的持续健康发展，关系到稀土这一重要自然资源的永续利用，更关系到人类赖以生存的地球家园的和谐美好。当今世界，各国相互依存、共生共荣，在稀土问题上应该加强合作，共担责任，共享成果。在未来的岁月里，中国将坚持科学发展观，完善稀土政策，加强行业管理，与国际社会一道，维护公平合理的稀土市场秩序，促进稀土开发利用与资源环境相协调，为世界经济和科技发展作出新的贡献。

Part 6 全球稀土资源扫描

世界上大部分经济可采的稀土资源主要为铈矿与独居石矿。铈矿主要集中在中国和美国；独居石矿主要分布在中国、美国、印度、马来西亚、澳大利亚、巴西、斯里兰卡和泰国等国。

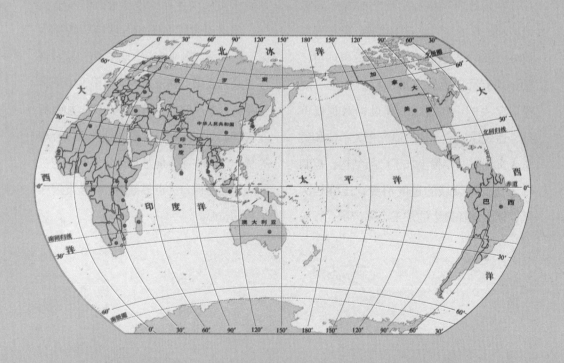

全球稀土资源概况

一、全球稀土资源

全球稀土金属资源丰富，但分布不均匀而且勘察程度总体不高，其中有较丰富的稀土资源的国家有中国、美国、巴西、印度、澳大利亚等（图6-1）。

自2002年开始，中国和巴西公布的稀土资源数据存在较大的变动，致使美国地质调查局估计的全球稀土储量由10 000万t调整为8 800万t，2010年又根据中国公布的稀土储量变动情况将全球稀土储量调整为11 000万t，2013年巴西报告的稀土储量大幅增长，全球稀土储量增至1.4亿t，增幅27.3%（表6-1）。

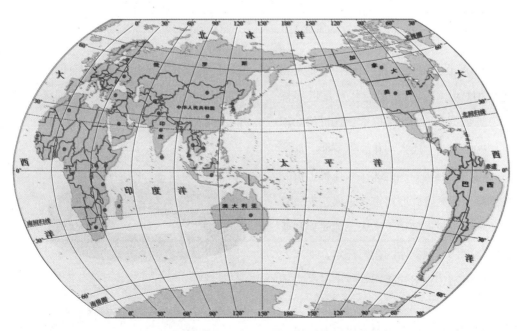

图6-1 世界稀土资源分布示意图

表6-1　　　　　　　　世界稀土储量（部分）　　　单位：万t（REO）

国家和地区	2012年	2013年	变化率（%）
中国	5 500	5 500	0.0
美国	1 300	1 300	0.0
澳大利亚	160	210	31.3
印度	310	310	0.0
巴西	4.8	2 200	45 733.3
马来西亚	3	3	0.0
其他	2 200	4 100	86.4
总计	11 000	14 000	27.3

资料来源：Rare Earths，Mineral Commodity Summaries ，2013，2014。

世界上主要稀土资源国中一批大和超大型稀土矿床的发现与开发是世界稀土资源数据变动的主要原因。20世纪70年代到90年代末，澳大利亚、俄罗斯、加拿大、巴西、越南等国近20年来在稀土资源的勘察与研究方面取得重大进展，先后发现了一大批超大型稀土矿床，如澳大利亚的韦尔德山、俄罗斯的托姆托尔、加拿大的圣霍诺雷、越南的茂塞等稀土矿床。其中，巴西稀土储量2 200万t，为世界第二大稀土国。我国稀土资源储量仍占世界首位，且资源潜力很大，因此，有理由认为今后相当长的时间内不会改变中国稀土资源大国的地位（图6-2）。

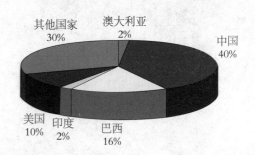

▲ 图6-2　2013年世界稀土储量分布图

多年来全球稀土资源中独居石储量保持稳定，2013年为54万t（表6-2）。世界上含稀土资源的矿物还包括磷灰石、富钍独居石、异性石、次生独居石、铈铌钙钛矿、含吸附离子稀土的黏土矿和磷钇矿等。

表6-2　　　　　世界独居石储量　　　单位：万t（Y_2O_3）

国家和地区	2012年	2013年	变化率（%）
中国	22	22	0.0
美国	12	12	0.0
澳大利亚	10	10	0.0
印度	7.2	7.2	0.0
马来西亚	1.3	1.3	0.0
巴西	0.22	0.22	0.0
斯里兰卡	0.024	0.024	0.0
其他	1.7	1.7	0.0
总计	54	54	0.0

资料来源：Yttrium，Mineral Commodity Summaries，2013。

二、稀土资源的开发利用

1960年以前，巴西、印度、马来西亚、澳大利亚都曾在稀土原料生产上各领风骚，到20世纪60年代中期美国才在稀土生产上居主导地位。从20世纪80年代起，中国逐渐进入国际稀土市场，1986年以后中国在稀土生产中一直保持了绝对领先地位。2011—2012年，中国的稀土氧化物产量占世界总产量的95.6%。

目前，世界上主要进行开采、选矿生产的国家有中国、美国、俄罗斯、吉尔吉斯斯坦、印度、巴西、马来西亚等

（表6-3）。法国在高纯单一稀土的生产上、日本在稀土深加工产品的生产上居世界领先地位。

表6-3　　　　　　　　　世界稀土氧化物产量（矿山产品，t/REO）

国家	2008年	2009年	2010年	2011年	2012年	2013年	2014年
中　国	125 000	129 000	120 000	105 000	95 000	95 000	95 000
美　国	—	—	—	—	7 000	5 500	7 000
澳大利亚	—	—	—	2 200	4 000	2 000	2 500
印　度	2 700	2 700	2 800	2 800	2 800	2 900	3 000
巴　西	460	170	140	250	300	330	—
马来西亚	120	13	400	280	350	180	200
总　计	128 000	132 000	123 000	111 000	110 000	110 000	100 000

资料来源：Minerals Yearbook 2010。2011年数据来源：Mineral Commodity Summaries；2013—2014年数据来源：Mineralcommodity summaries。表中数据为估计数据。

目前，从稀土原材料的消费看，中国市场8万—9万t，日本市场1.5万—2.3万t，美国市场1万—1.5万t，欧洲大约1万t，其他地区0.5万t左右。市场对稀土总的需求为12万—14万t。从生产指标本身来看，国外市场容量为3万—5万t。中国以外的稀土消费市场主要在稀土永磁体、催化剂、储氢合金、发光材料和抛光粉方面。

近年来中国政府加强了稀土资源的保护力度，对稀土的无序生产和出口进行了限制，国际稀土市场出现供不应求的局面，全球稀土价格不断上涨。

国际稀土市场供应偏紧和价格的不断走高，使国外矿业公司纷纷加大了对稀土的勘查开发力度。一方面，原有的停产矿山积极筹措资金争取复产，如美国的芒廷帕斯（Mountain Pass）；另一方面，一些原以其他矿产为主采矿产的矿山开始以稀土作为主要矿产来制订勘查和开发计划，如格陵兰的Kvanefield。这些活动使得全球稀土资源勘查开发领域呈现一片繁荣景象。数据表明，包括加拿大、澳大利亚和美国在内的西方发达国家和地区在未来的稀土资源开发中将占据绝对的主导地位。

据统计，在中国以外，全球有31个稀土开发项目进行到了高级阶段（表6-4），查明的资源总量高达2 779万t（REO），其中加拿大无疑将在未来全球稀土供应中占据重要地位，目前加拿大进入高级阶段的项目有11个，占有资源量1 300万t，占总量的46.83%。

表6-4　　　　　　　　　　稀土开发项目国家分布表

序号	国家	项目数	资源量（t）	资源量占比（%）
1	澳大利亚	6	3 536 608	12.72
2	巴西	1	226 530	0.82
3	加拿大	11	13 014 750	46.83
4	格陵兰	2	6 759 598	24.32
5	吉尔吉斯斯坦	1	46 608	0.17
6	莫桑比克	1	22 555	0.08
7	马拉维	1	107 272	0.39
8	瑞典	1	32 670	0.12
9	坦桑尼亚	1	85 470	0.31
10	美国	4	2 987 448	10.75
11	南非	2	974 920	3.51
	合计	31	27 794 429	100

数据来源：Technology Metal Research LLC。

国外著名的稀土矿床

外主要的稀土矿床有美国的芒廷帕斯稀土矿和贝诺杰稀土矿、加拿大的托尔湖和霍益达斯湖稀土矿、澳大利亚的韦尔德山稀土矿和诺兰稀土矿等。各公司的总体概况见表6-5。

表6-5　　　　　　　　　全球著名稀土矿床情况一览表

矿床名称	国别	矿石储量（万t）	REO（%）	金属量（万t）	稀土类型	稀土矿物
芒廷帕斯（Mountain Pass）	美国	5 000	8—9	430	轻稀土	氟碳铈矿
贝诺杰（Bear Lodge）	美国	980	4.1	36	轻、重稀土	氟碳铈矿、氟磷钙铈矿
托尔湖（Thor Lake）	加拿大	6 500	2	133	轻稀土	褐钇铌矿、独居石、氟碳铈矿、褐帘石
霍益达斯湖（Hoidas Lake）	加拿大	152	2.3	3.5	轻稀土	磷灰石、褐帘石
韦尔德山（Mt Weld）	澳大利亚	770	11.9	92	轻稀土	假象独居石
诺兰（Nolans）	澳大利亚	30 000	2.8	85	轻稀土	独居石、磷灰石

一、美国芒廷帕斯稀土矿床

芒廷帕斯稀土矿床位于美国加利福尼亚州西南莫哈韦沙漠边缘（图6-3、图6-4）。1949年，由两名找矿人将当地矿石当作铀矿样品送往美国地质调查局检测时偶然发现；随后，开展大规模的地质调查和勘探，逐渐探明这一世界级的轻稀土矿床。该稀土矿床赋存在碳酸岩侵入杂岩中，矿石主要由碳酸盐矿物（方解石、白云石、磷铁矿、铁白云石）、硫酸盐矿物

△ 图6-3 芒廷帕斯稀土矿

△ 图6-4 芒廷帕斯稀土矿出产的矿石

（重晶石、天青石）、氟碳铈矿和硅酸盐矿物（石英）组成，所含稀土矿物主要为氟碳铈矿。该矿山目前保有矿石储量5 000万t；矿石的稀土氧化物（REO）平均品位为8%—9%，含稀土氧化物430万t。

芒廷帕斯稀土矿矿山于1952年投产。在20世纪60—80年代中期，该矿山是世界稀土市场的主要供应商。1990年，其稀土产品占当时全球市场的40%。后来，随着中国稀土矿山的大量开发而逐渐减少供应，至2002年完成最后一次采矿活动后停止开采，但它一直销售库存的氟碳铈精矿和轻稀土氧化物。该矿山还建有配套的稀土选矿和分离工厂，年生产能力为2万t稀土氧化物。分离厂于1998年由于废水处理设施不达标而停产，但2007年第四季度稀土分离厂已经重启，并在2009年重启选矿厂，处理封存的氟碳铈矿精矿。

芒廷帕斯矿山曾几易其主，目前矿山的拥有者为莫里珂普矿物公司。

二、美国贝诺杰稀土矿床

贝诺杰稀土矿床位于美国怀俄明州东北部西北走向的贝诺杰山中北段。贝诺杰山位于近南北向的东落基山脉碱性火山岩带上，是美国重要的黄金产区，在20世纪初期曾被当作金矿勘查的潜力区域。该区稀土矿床于1949年发现，随后美

国地质调查局于1953年报道了这一发现。1972年，第瓦尔公司（Duval）开始在贝诺杰地区开展勘查活动，勘探目标是斑岩型铜钼矿床，但在后期却发现了具有经济价值的稀土矿床。1987—1991年，赫克拉（Hecla）矿业公司在该区的勘探工作圈定了430万t的稀土资源量，稀土矿石平均品位为3.79%（不符合N143—101标准）。

2003年，稀有元素资源公司（Rare Elements Resources Ltd.）通过旗下子公司获得该区100%矿权权益，并在2004—2008年间开展了针对该区稀土矿床的勘探和选冶研究。2009年4月，公布了符合N143—101标准的储量技术报告。综合该区稀土矿的勘探数据，采用1.5%REO（稀土氧化物含量1.5%）为边界品位。目前，在该区圈定推断资源量为980万t，其中氧化带矿石量为456万t，过渡带和非氧化带矿石量为526万t；矿石中稀土氧化物（REO）平均品位为4.1%，折合得稀土金属量为36.3万t。

贝诺杰稀土矿体赋存在碳酸岩细脉群或碳酸岩岩墙中，地表氧化带厚90—180 m，主要由风化的含铁锰氧化物和稀土氧化物的岩体组成，向下为原生的含稀土碳酸岩体，稀土元素主要赋存在磷锶铈矿、氟碳铈矿和氟磷钙铈矿等矿物中。稀土配分以轻稀土为主，其中镧、铈、镨、钕和钐这五种稀土元素氧化物占稀土总量的98%左右。与其他稀土矿床有所区别的是，由于含稀土的碳酸岩脉产在多阶段演化的碱性杂岩体中，贝诺杰地区的稀土矿床的周围赋存有一定规模的、具经济意义的、与碱性岩有关的金矿化。目前，稀有元素资源公司正在针对不同类型的矿石开展选冶试验。

——地学知识窗——

边界品位

边界品位又称边际品位，是圈定矿体时对单个样品有用组分含量的最低要求，是圈定矿体与围岩或夹石（矿体内有用组分含量达不到工业要求不能被利用的部分）的分界品位。边界品位下限不得低于选矿后尾矿中的含量，一般应比选矿后尾矿品位高1—2倍。边界品位的高低将直接影响矿体的形态、矿体的平均品位和储量。

三、加拿大托尔湖稀土矿床

托尔湖稀土矿床位于加拿大的西北领地州麦肯锡矿区，在大斯勒乌湖东岸5 km，距西北领地州首府耶洛奈夫城100 km。最初，加拿大地质调查局在1937—1938年曾在该区开展地质填图工作。1976年，海伍德资源公司（Highwood Resources Ltd.）在该区开展铀矿勘查时，发现了大规模的稀土金属和稀土矿化现象，其后断断续续有一些矿业公司来此开展勘探活动。2005年，阿瓦隆稀有金属公司（Avalon Rare Elements Inc.）获得托尔湖稀土项目100%权益，在对以前的钻探样品重新取样分析的同时，2007—2008年开展了新一轮的勘探活动，并开展了小规模的冶金试验。

目前，在托尔湖稀土项目42 km²的面积内已经圈定6个稀土—稀有金属矿区，分别富集稀土、钇、钽、铌和锆等金属。其中，勘探程度较高的矿区有两个：Lake区和T区。稀土—稀有金属矿体赋存在碱性正长岩和花岗岩的次生蚀变带内，矿石矿物有褐钇铌矿、锆石、褐帘石、独居石和氟碳铈矿等。2008年，阿瓦隆稀有金属公司委托Wardrop工程咨询公司对Lake区的勘探资料进行总结并编制符合N143—101标准的资源量评估报告。2009年3月发

布估算报告，以1.6%REO为边界品位，Lake区拥有控制+推断级别资源量6 521万t，稀土氧化物平均品位2.05%，折合稀土金属量133万t，其中重稀土氧化物占全部稀土氧化物的15%左右。阿瓦隆稀有金属公司目前已获得托尔湖项目的环境影响评价批准，委托有关咨询公司开展项目环境影响评价，并完成了预可行性研究。

四、加拿大霍益达斯湖稀土矿床

霍益达斯稀土矿床位于加拿大萨斯喀彻温省北部铀城以北50 km。20世纪50年代，该区曾当作铀矿勘探，直到1999年才在该区发现稀土矿床。目前，加拿大大西矿物公司（Great Western Minerals Group Ltd.）拥有该区100%权益。截至2008年上半年，大西矿物公司已经施工了大约15 000 m钻探，揭露矿体长超过1 000 m，倾向延深350 m以上，厚3—12 m，矿体两端和深部延伸都未封闭。稀土金属主要赋存在磷灰石、褐帘石等矿物中。

2007年，大西矿物公司委托Wardrop工程咨询公司对霍益达斯稀土项目开展预可行性研究。截至2007年底的钻孔数据，以1.5% REO为边界品位，该项目已获得探明+控制级别资源量115万t，平均品位2.36% REO，推断级别资源量37万t，平均品位2.15% REO，共含稀土氧化物金属

量3.5万t（符合N143—101标准）。

大西矿物公司计划在2009年完成可行性研究和环境影响评价报告，2010—2011年开始工程设计和进行建设，2012年投产，设计日处理矿石能力500 t，矿山寿命20年。与其他原料矿业公司不同的是，大西矿物公司采用经营矿山产品到稀土终端产品的商业运营模式，在英国和美国设有稀土产品加工厂，生产镍氢电池用的合金粉和钐钴磁性体。

五、澳大利亚韦尔德山稀土矿

韦尔德山稀土矿床位于澳大利亚西澳大利亚州拉沃顿镇南35 km（图6-5）。该区稀土矿体在风化的圆形碳酸岩体内，稀土矿物主要为假象独居石，同时伴生钽、铌等稀有金属。韦尔德山圆形碳酸岩构造于1966年开展航空磁测时被发现，随后有多家矿业公司在该区开展不同

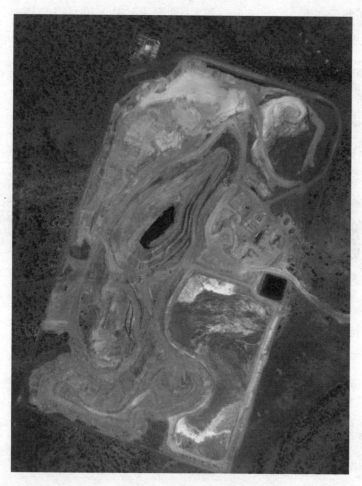

图6-5　韦尔德山稀土矿开采现状（卫星图）

规模的勘探活动，目标矿种有磷、稀土、钽、铌和铀等。2000年，澳大利亚莱纳公司（Lynas Corporation）获得韦尔德山矿权权益，并于2002—2008年对韦尔德山的稀土和稀有金属开展了补充勘探、资源评价和矿石选冶试验。根据莱纳公司网站公布的数据，以4% REO为边界品位，韦尔德山中央稀土区共圈定探明+控制级别的资源量620万t，推断级别资源量150万t，稀土氧化物平均品位11.9%，折合稀土金属量92万t。

2008年，莱纳公司委托澳大利亚矿山设计和开发公司对韦尔德山中央稀土区进行露天采矿设计和优化，并于2008年6月开展了第一阶段采矿活动，共采出矿石77万t，平均品位15.4% REO。莱纳公司计划在韦尔德山矿山建设选矿厂，选出40% REO的精矿运往设在马来西亚关丹市的稀土分离厂冶炼。稀土分离厂一期设计规模为年产稀土氧化物10 500 t，二期扩建至21 000 t/a。但由于金融危机，莱纳公司融资失败，目前选矿厂和分离厂项目建设都已搁置。

六、澳大利亚诺兰稀土矿

诺兰稀土矿床位于澳大利亚北领地州艾丽思斯普瑞斯城北130 km。该矿床不仅含稀土矿，还伴生磷和铀。矿体产在变质的花岗岩体中，平面上呈扁平状，倾向北北西，倾角65°—90°，厚75 m。矿石矿物主要为富钍独居石和含氟的磷灰石。该矿床为澳大利亚上市公司阿拉弗拉资源有限公司（Arafura Resource Ltd.）所有。根据公司2008年经营报告披露的数据，该矿床拥有探明+控制+推断三级资源量300万t，REO平均品位2.8%、P_2O_5平均品位12.9%、U308平均品位200 g/t，折合稀土金属量84.8万t、磷390万t、铀6 038 t（均以氧化物计）。

2007年10月，阿拉弗拉资源公司完成了项目的预可行性研究工作，2008年建设中试厂，并开展分离试验流程设计。阿拉弗拉资源有限公司已委托有关咨询公司开展项目银行可融资级别的可行性研究工作，由于金融危机影响，项目融资出现困难。2009年6月1日，中国华东有色地质勘查局所属的江苏华东有色金属投资控股公司以2 294万澳元成功收购阿拉弗拉资源有限公司25%的股权。

参考文献

[1]丁维新. 中国土壤中稀土元素的概况[J]. 稀土, 1994, 15(6):44-48.

[2]张萍, 蒋馥华. 四川冕宁稀土矿床黑色风化物中的稀土元素赋存状态研究[J]. 矿物岩石, 1999, 19(4):10-14.

[3]彭安, 王子健. 稀土环境化学研究的近期进展[J]. 环境科学进展, 1995, 3(4):22-32.

[4]林传仙, 刘义茂, 王中刚, 等. 中国稀有稀土矿床[M]//宋叔和. 中国矿床:中册. 北京:地质出版社, 1994.

[5]韩吟文, 马振东, 张宏飞, 等. 地球化学[M]. 北京:地质出版社, 2003.

[6]张宏福, 周新华, 范蔚茗, 等. 华北东南部中生代岩石圈地幔性质、组成、富集过程及其形成机理 [J]. 岩石学报, 2005, 21(4):1271-1280.

[7]田京祥, 张日田, 范跃春, 等. 山东郗山碱性杂岩体地质特征及与稀土矿的关系[J]. 山东地质, 2002, 18(1):21-25.

[8]孔庆友, 张天祯, 于学峰, 等. 山东矿床[M]. 济南:山东科学技术出版社.

[9]曹国权. 鲁西早前寒武纪地质[M]. 北京:地质出版社.

[10]于学峰. 归来庄金矿床的地质特征及成因[M]. 济南:山东科学技术出版社, 1996.

[11]牛树银. 鲁西幔支构造及其控矿特征[J]. 地质学报, 2009, 83(5):628-645.

[12]郑熙敬, 等. 山东微山101矿区普查勘探报告[R]. 山东省地质局第二地质队, 1971—1975.

[13]张培善. 中国稀土矿床成因类型[J]. 地质科学, 1989, (1):26-32.

[14]蓝廷广, 等. 山东微山稀土矿矿床成因:来自云母Rb-Sr年龄、激光Nd同位素及流体包裹体的证据[J]. 地球化学, 2011, (5):428-442.

[15]于学峰, 等. 山东郗山—龙宝山地区与碱性岩有关的稀土矿床地质特征及成因[J]. 地质学报, 2010,

(3):407−417.

[16]刘邦君, 等. 山东省微山县郗山地区稀土矿深部资源储量核实报告[R].